**Berichte aus dem
Institut für Umformtechnik
der Universität Stuttgart**
Herausgeber: Prof. Dr.-Ing. Dr. h.c. K. Lange

97

Rainer Balbach

Optimierung der Oberflächenmikrogeometrie von Aluminiumfeinblech für das Karosserieziehen

Mit 86 Abbildungen

Springer-Verlag
Berlin Heidelberg New York
London Paris Tokyo 1988

Dipl.-Ing. Rainer Balbach
Institut für Umformtechnik
Universität Stuttgart

Dr.-Ing. Dr. h. c. Kurt Lange
o. Professor an der Universität Stuttgart
Institut für Umformtechnik

ISBN-13:978-3-540-50168-8   e-ISBN-13:978-3-642-83574-2
DOI: 10.1007/978-3-642-83574-2

Gesamtherstellung: Copydruck GmbH, Heimsheim
2362/3020—543210

Die Umformtechnik zeichnet sich durch sehr gute Werkstoffaus-
wertung und hohe Mengenleistung in der Serienfertigung gegenüber anderen Fertigungsverfahren aus, wobei Beibehaltung der
Masse, Änderung der Festigkeitseigenschaften während eines Vorgangs und elastische Rückfederung der Werkstücke nach einem
Vorgang wesentliche Merkmale sind. Weiter sind die benötigten
Kräfte, Arbeiten und Leistungen sehr viel größer als z.B. bei
spanenden Verfahren. Die sichere Beherrschung eines Verfahrens
in der industriellen Fertigung und die zunehmende Forderung
nach Vermeidung bzw. Minimierung spanender Nacharbeit erzwingen
die geschlossene Betrachtung des Systems "Umformende Fertigung"
unter zentraler Berücksichtigung plastizitätstheoretischer,
werkstoffkundlicher und tribologischer Grundlagen.

Das Institut für Umformtechnik der Universität Stuttgart stellt
entsprechend Forschung und Entwicklung zum einen auf die Erar-
beitung von Grundlagenwissen in diesen Bereichen ab, zum anderen
untersucht und entwickelt es Verfahren unter Anwendung speziel-
ler Meßtechniken mit dem Ziel einer genauen quantitativen Ermittlung des Einflusses der Parameter von Vorgang, Werkstoff,
Werkzeug und Maschine. Die Behandlung von Problemen des Maschi-
nenverhaltens, der Maschinenkonstruktion sowie der Werkzeugaus-
legung und -beanspruchung, der Auswahl hochbeanspruchbarer,
verschleißfester Werkzeugbaustoffe und schließlich der Tribologie gehört entsprechend ebenfalls zum Arbeitsgebiet, das
durch die Erfassung organisatorischer und betriebswirtschaft-
licher Fragen abgerundet wird.

Im Rahmen der "Berichte aus dem Institut für Umformtechnik" erscheinen in zwangloser Folge jährlich mehrere Bände, in denen
über einzelne Themen ausführlich berichtet wird. Dabei handelt
es sich vornehmlich um Abschlußberichte von Forschungsvorhaben,
Dissertationen, aber gelegentlich auch um andere Texte. Diese
Berichte sollen den in der Praxis stehenden Ingenieuren und
Wissenschaftlern zur Weiterbildung dienen und eine Hilfe bei
der Lösung umformtechnischer Aufgaben sein. Für die Studieren-

den bieten sie die Möglichkeit zur Vertiefung der Kenntnisse.
Die seit zwei Jahrzehnten bewährte freundschaftliche Zusammenarbeit mit dem Springer-Verlag sehe ich als beste Voraussetzung
für das Gelingen dieses Vorhabens an.

Kurt Lange

<u>V o r w o r t</u>

Die vorliegende Arbeit entstand während meiner Tätigkeit als wissenschaftlicher Mitarbeiter am Institut für Umformtechnik der Universität Stuttgart.

Herrn Professor Dr.-Ing. Dr. h.c. K. Lange danke ich herzlich für das mir entgegengebrachte Vertrauen, seine großzügige Förderung und stete Unterstützung bei der Anfertigung dieser Arbeit.

Herrn Professor Dr.-Ing. H. Uetz bin ich für die eingehende Durchsicht der Arbeit sowie für die wertvollen Anregungen und Hinweise zu Dank verpflichtet.

Mein Dank gilt ferner Herrn Dipl.-Ing. E. Dannenmann für die Betreuung der Arbeit sowie für die kritische Diskussion der Ergebnisse. Ebenso danke ich allen Mitarbeiterinnen und Mitarbeitern des Instituts für Umformtechnik sowie den Studien- und Diplomarbeitern, die zum Gelingen dieser Arbeit beigetragen haben.

Weiterhin möchte ich Herrn Dr.-Ing. K. Siegert, Herrn Dr.-Ing. V. Thoms und Herrn Burkhardt von der Daimler Benz AG, Werk Sindelfingen, Herrn Dr.-Ing. F. Ostermann und Herrn Dr. Chr. Dumont von der VAW Vereinigte Aluminium-Werke AG, Bonn, sowie den zahlreichen weiteren Firmen und Institutionen für die Unterstützung und die Zusammenarbeit danken.

Die Mittel zur Durchführung dieser Arbeit wurden von der Deutschen Forschungsgesellschaft für Blechverarbeitung e.V., Hannover, vom Bundesministerium für Wirtschaft, Bonn, und von den schon erwähnten Firmen zur Verfügung gestellt.

Börtlingen, Mai 1988

Rainer Balbach

<u>Inhaltsverzeichnis</u>

Seite

Abkürzungsverzeichnis

Allgemeine Zeichen

A	mm²	Fläche
A_g	%	Gleichmaßdehnung
a	mm	Bodenformabweichung
b_z	mm	Ziehleistenbreite
c_{tp}	µm	Schnittlinientiefe
d	mm	Durchmesser
F	kN, N	Kraft
HB	–	Härte nach Brinell
HRC	–	Härte nach Rockwell, Prüflast 1,5 kN
HV	–	Härte nach Vickers
h_z	mm	Ziehleistenhöhe
I_s	kA	Schweißstrom
k_f	N/mm²	Fließspannung
LDH	mm	Grenzziehtiefe
l	mm	Weg
M_0	–	Oberflächenmaßzahl
m_s	g/m²	bezogene Schmierstoffmenge
N_R	–	Riefenzahl, Spitzenzahl
N_{SAE}	–	Spitzenzahl nach SAE
n	–	Verfestigungsexponent
p	N/mm²	Flächenpressung, Druck
R_a	µm	arithmetischer Mittenrauhwert
R_m	N/mm²	Zugfestigkeit
R_{max}	µm	maximale Rauhtiefe
R_{pm}	µm	gemittelte Glättungstiefe
$R_{p0,2}$	N/mm²	Streckgrenze
$R_Ü$	µΩ	Übergangswiderstand
R_z	µm	gemittelte Rauhtiefe
r	mm	Radius
r	–	senkrechte Anisotropie
$\bar{r}$	–	mittlerer Wert der senkrechten Anisotropie
S_k	–	Schiefe der Amplitudenverteilung
s	–	Blechdicke
T	%	Ziehreserve
t	s	Zeit
t_{ai}	%	Mikroflächentraganteil
t_{pi}	%	Mikroprofiltraganteil

t_Z	mm	Ziehtiefe
u_Z	mm	Ziehspalt
$\ddot{u}_R$	%	Abbildeverhältnis
V	mm³	Volumen
v	mm/s	Geschwindigkeit
Z	%	Brucheinschnürung
β	-	Ziehverhältnis
$\Delta...$	-	Differenz
ε	%	Dehnung
η	Ns/m²	kinetische Viskosität
ϑ	°C	Temperatur
λ_c	mm	Grenzwellenlänge
λ_p	-	Profilleeregrad
λ_r	-	räumlicher Leeregrad
μ	-	Reibzahl
ν	mm²/s	kinematische Viskosität
ϱ	-	relative Rauheitsänderung
σ	N/mm²	Spannung
φ	-	Umformgrad

Indizes

a	Bezugs...		R	Reibungs...
F	Folie		RB	Rückbiege...
f	fiktiv		r	Radial...
ges	Gesamt...		S	Schweiß...
i	Einzel...		St	Stempel...
id	ideele...		Sch	Scherbruch...
max	maximale...		t	Tangential...
N	Niederhalter...		VH	Vorhalte...
NH	Nachhalte...		v	Vergleichs...
n	Normal...		Z	Zieh...

Abkürzungen

AES	Auger-Elektronen-Spektroskopie
EP's	Extreme Pressure Additives
REM	Raster-Elektronen-Mikroskop
WR	Walzrichtung
ZR	Ziehrichtung
‖	parallel
⊥	senkrecht

1   EINLEITUNG

In die Zukunft weisende Betrachtungen und Studien zum Werkstoffeinsatz im Automobilbau prophezeien dem Werkstoff Aluminium hohe Zuwachsraten von gegenwärtig ca. 3 % auf über 10 % /1, 2/. Ein großer Anteil wird hierbei dem Karosseriebau zugeschrieben, da sich Aluminium als Substitutionswerkstoff für Stahlblech bei einer durchschnittlichen Gewichtseinsparung bis zu 50 % vorzugsweise bei den Anbauteilen, wie z.B. Motorhauben, Heckdeckeln, Türen, Kotflügeln sowie Struktur- und Innenausbauteilen anbietet /3, 4/.

Obwohl die Serienfertigung vorwiegend kleinerer Losgrößen verschiedentlich schon aufgenommen wurde /4 bis 8/, tritt eine Vielzahl von Schwierigkeiten auf, so daß insgesamt von einer gegenüber der Stahlblechbearbeitung nur geringen Fertigungssicherheit gesprochen werden kann.
Neben der kratzer- und beschädigungsempfindlicheren Oberfläche, die eine zumindest sorgfältigere Handhabung erfordert, sind es vor allem Fertigungsprobleme beim Umformen, die eine Großserienfertigung äußerst schwierig erscheinen lassen /3, 9/.

Die Bearbeitung der Aluminiumfeinbleche orientierte sich zunächst an der bei Tiefziehstahlblech üblichen Technologie. Dabei zeigte sich, daß die für Stahlblech vorliegenden Fertigungsbedingungen nicht ohne weiteres auf die Bearbeitung von Aluminiumblech übertragbar waren /10/.

Der Spielraum zum Einstellen des Niederhalterdruckes ist sehr eng begrenzt, da zu hohe Drücke wegen des geringeren Formänderungs- und Festigkeitsverhaltens zu Einschnürungen und Reißern, zu niedrige Drücke zu Faltenbildungen und Blechaufdickungen führen.
Vor allem die hohe Affinität des Aluminiums zu herkömmlichen Werkzeugwerkstoffen löst bei unzureichender Schmierung sofortigen Werkstoffübertrag aus. Damit gehen sprunghafte Reibkraftanstiege, Oberflächenfehler und Reißer einher.
Darüber hinaus führen Werkstoffanhaftungen am Werkzeug zum Anhalten der Fertigung, um ein Reinigen der entsprechenden Stellen durch Abschleifen vornehmen zu können. Diese hohe Kosten verursachenden Ausfälle bedingen teilweise teure Sondermaßnahmen wie z.B. Ziehen mit Ziehfolie, Einsatz schlecht entfernbarer und hochviskoser Spezialschmierstoffe /10/.

Zwar ist es möglich, durch eine "aluminiumgerechte" Auslegung der Werkzeuggeometrie in einem bestimmten Rahmen eine Problemlinderung zu erreichen /9/, dies führt aber in vielen Fällen zu hohem konstruktionstechnischem Änderungsaufwand und schließt eine Mischfertigung oder Mischmontage Aluminium/Stahl aus.

Eine spürbare Verbesserung der Situation kann nur durch die Optimierung des Halbzeuges Aluminium selbst erwartet werden. Da aber werkstofftechnisch bereits ein sehr hoher Stand erreicht wurde, bleibt die Blechoberfläche zwangsläufig als einziger Parameter, der noch nicht, wie z.B. bei Stahlblech schon geschehen und noch im Gange, auf seine Optimierbarkeit hin untersucht wurde.

Um den Erfordernissen der herstellenden und verarbeitenden Industrie gerecht zu werden, wird es als sinnvoll empfunden, eine durchgängige Untersuchung des Einflusses der Oberflächenfeingestalt und deren Optimierbarkeit, ausgehend vom Walzwerk über den Schwerpunkt Umformen durch Tief-, Streck- oder Karosserieziehen, bis hin zu den Weiterverarbeitungs- und Gebrauchseigenschaften sowie deren gegenseitige Beeinflussung vorzunehmen.

Aus dem so eingegrenzten Optimierungsfeld werden Hinweise und Impulse erwartet, die zu einer nachhaltigen Verbesserung der Fertigungssicherheit beim Herstellen von Blechteilen aus Aluminium in der Großserie führen sollen.

Bevor man die Einflüsse der Oberflächenfeingestalt auf das Umformen durch Tief-, Streck- und Karosserieziehen klärt und daraus folgernd eine Optimierung angeht, hat man sich zunächst darüber zu vergegenwärtigen, welchen Stellenwert die Blechoberfläche im gesamten Produktionsablauf einnimmt. Bild 1 umreißt schematisch, aus welchen Bereichen Anforderungen an eine Blechoberfläche herangetragen werden.

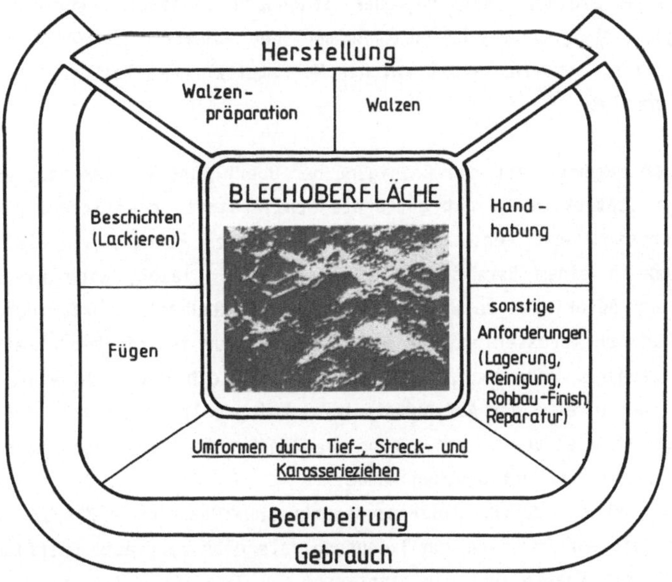

Bild 1: Bedeutung der Oberflächenfeingestalt.

Die Herkunft gegenwärtig üblicher Oberflächen von Aluminiumblechen in Tiefziehqualität läßt sich nahezu ausschließlich auf walzwerkseitige Belange zurückführen. Geleitet von Überlegungen zum wirtschaftlichen Herstellen dieses Halbzeuges werden die Arbeitswalzen durch Umfangsschleifen präpariert (aufgerauht), um damit günstiges Anwalzverhalten, gleichmäßige Schmierfilmausbildung, niedrige Walzenantriebsmomente, geringen Walzenverschleiß und einfache Walzennachbearbeitung zu erhalten. Ferner können über den Rauheitsgrad der Werkstofffluß und die Bandqualität gesteuert werden. Insbesondere beim Walzen von Aluminium darf die Walzenrauheit ein bestimmtes Maß nicht überschreiten, da sonst eine starke Walzflitterbildung auftritt, die die Walzemulsion verschmutzt und Oberflächenfehler hervorruft.

Während des Transportes und der Handhabung ist eine zu glatte Oberfläche von großem Nachteil. Im Coil oder im Stapel neigen die Bleche zu Verklebungen (Sticking), so daß sie nur unter großem Aufwand, wenn überhaupt, vereinzelt werden können. Auf den feinen glatten Oberflächen des im Vergleich zu Stahlblech weicheren Aluminiums, entstehen Beschädigungen und Kratzer wesentlich schneller, so daß bei der Handhabung nicht mechanische Greifer, sondern eher Saugnäpfe eingesetzt werden sollten. Wichtiger ist jedoch, daß die Ablage der umgeformten Teile nicht in Stahlregalen, sondern in mit weichen Werkstoffen ummantelten Lagervorrichtungen erfolgt.

Neben der Lagerung ist die Reinigung der Oberfläche vor dem Lackieren eine wichtige Station, da nicht entfernte Schmierstoff- oder Schmutzrückstände das Korrosionsverhalten nachteilig beeinflussen können. Die Blechrauheit muß sich in einem Bereich befinden, der es erlaubt, eine einwandfreie Lackierung aufbringen zu können, ohne daß die Rauheitsstruktur durchschimmert. Für den Karosserierohbau und die Reparatur ist die Verschleifbarkeit von vorrangiger Bedeutung. Dabei sollte die Blechrauheit in einem Bereich liegen, der in etwa der Aufrauhung des Schwingschleifers entspricht.
Insgesamt wäre es von Vorteil, wenn die Blechrauheit des Aluminiums in etwa der von Stahlblech entsprechen würde.
Für das Fügen durch Widerstandspunktschweißen oder Kleben ist die Blechrauheit nur insofern von Bedeutung, als eher zu glatte Oberflächen die Qualität der Fügestelle beeinträchtigen.
Auf die in dieser Untersuchung schwerpunktmäßig im Vordergrund stehenden Anforderungen der Umformtechnik an die Blechoberfläche soll im nächsten Abschnitt näher eingegangen werden.

Die Funktionstauglichkeit der Oberfläche für die einzelnen Herstellungs- und Weiterverarbeitungsbereiche sowie bzgl. des Gebrauchsverhaltens läßt sich anhand von Bild 2 in übersichtlicher Weise aufgliedern und überprüfen /11/. Gleichzeitig soll dieses Schema als Vereinbarung für die Wahl der Begriffe dienen.

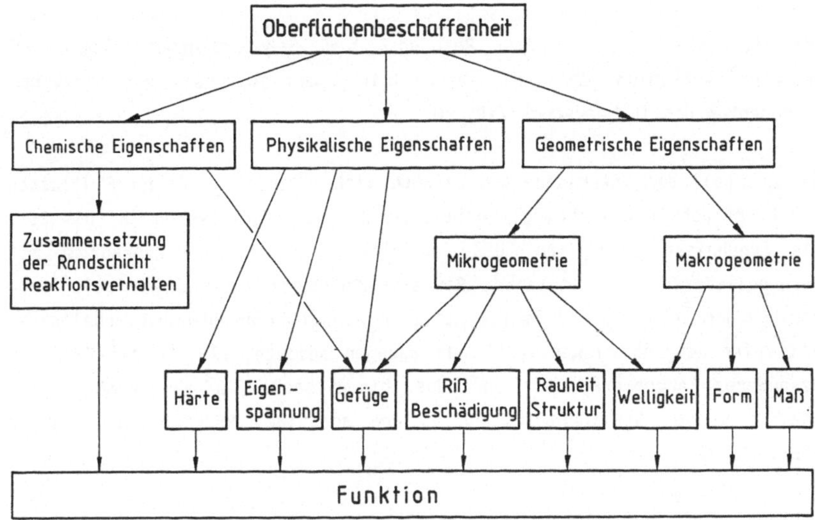

Bild 2: Beschreibung der Funktionstauglichkeit von Oberflächen (in Anlehnung an Noppen /11/).

2.1   STAND DER ERKENNTNISSE

Die Grundlagen für die Blechumformverfahren Tiefziehen, Streckziehen und die Kombination der beiden Verfahren, das Karosserieziehen, werden in /12/ zusammengestellt.
Der Einfluß der Oberflächenfeingestalt auf den Umformvorgang wurde von Kienzle und Mietzner /13, 14/ erstmalig auf systematische Weise untersucht; dabei wurden auch die Grundlagen zu einer Begriffsbestimmung erarbeitet.
Neben physikalischen und chemischen Änderungen der Randschicht erfahren die Oberflächen beim Umformen eine geometrische Veränderung. In Bereichen ohne Werkzeugkontakt erfolgt ein freies Aufrauhen in Abhängigkeit von Ausgangsrauheit, Korngröße /15/ und Formänderung /16/. In Bereichen mit Werkzeugkontakt entstehen unter der Anwesenheit von Schmierstoffen komplexe tribologische Systeme /17/, die von Kudo /36/ und Schey /37/ für die Umformtechnik ausführlich diskutiert wurden.

Beim Umformen großflächiger Blechteile durch Tief- und Streckziehen spielen Fragen der Reibung und Schmierung eine ausschlaggebende Rolle /18/. In jüngerer Vergangenheit angestellte Untersuchungen führten zu einer wesentlichen Erweiterung des Kenntnisstandes über die im Flansch sowie im Bereich der Ziehkante vorherrschenden Reibungs- bzw. Schmierungsmechanismen und brachten Aufschluß über die Wechselwirkungen zwischen den einzelnen Komponenten des Tribosystems /19, 20/.

Der Großteil der Untersuchungen befaßte sich allerdings mit den Einflüssen von Oberfläche und Tribologie beim Umformen von Stahlblechen /21 bis 26/. Die Ergebnisse zeigen an, daß vor allem eine höhere Blechrauheit mit feingegliederten und schlanken Rauheitserhebungen günstige tribologische Bedingungen schafft, was im wesentlichen einheitliche Reibungsverhältnisse und keine Neigung zu Werkstoffübertragungen bedeutet /23, 26 bis 28/. Ein besonderes Augenmerk ist auf das hinreichende Aufnahmevermögen der Oberfläche von Schmierstoff, Abrieb und sonstigen Rückständen zu legen /29/.

Während für das Ziehen von Stahlblechen den Arbeiten /26, 27, 30/ quantitative Angaben über den Einfluß der Oberflächenmikrostruktur der Bleche auf das Ziehergebnis entnommen werden können und nach /31/ von amerikanischen Automobilherstellern bereits Anforderungen an Stahlblech-oberflächen bezüglich Rauheit und Feingliedrigkeit (Spitzenzahl) festgelegt wurden, fehlen bisher fundierte Unterlagen in dieser Hinsicht für Bleche aus Aluminiumwerkstoffen.
Die Übertragbarkeit der für Stahlbleche gewonnenen Hinweise auf die ziehtechnisch optimale Gestaltung der Oberflächenfeinstruktur der Aluminiumbleche ist nur in wenigen Punkten möglich /10/. Aufgrund des völlig anderen tribologischen Verhaltens der Oberflächen /32/, wegen der hohen Neigung zur Bildung von Kaltverschweißungen auf herkömmlichen Stahlwerkzeugen /33/ und wegen des strukturbedingt abweichenden Umformverhaltens /34/ sind die Überlegungen zur ziehtechnisch idealen Oberflächenfeingestalt für den Werkstoff Aluminium spezifisch und getrennt anzusetzen.
Mössle /35/ gibt diesbezüglich in seinem Literaturüberblick bis zu den Jahren 1982/1983 eine umfassende Zusammenstellung. Aus seinen Versuchsergebnissen resultiert die Forderung nach einer Umstellung von der bisher üblichen, gerichteten Oberflächenstruktur (Mill-Finish, geschliffene Arbeitswalzen) auf isotrope Oberflächen vergleichbar denen, die bereits auf Stahlblechen realisiert sind (Bild 3), um damit richtungsunabhängige tribologische Verhältnisse zu schaffen.
Die von Mössle ermittelten Ergebnisse zeigen ferner, daß der größte Einfluß auf die Oberflächenbeschaffenheit der Ziehteile von der freien Umformung,

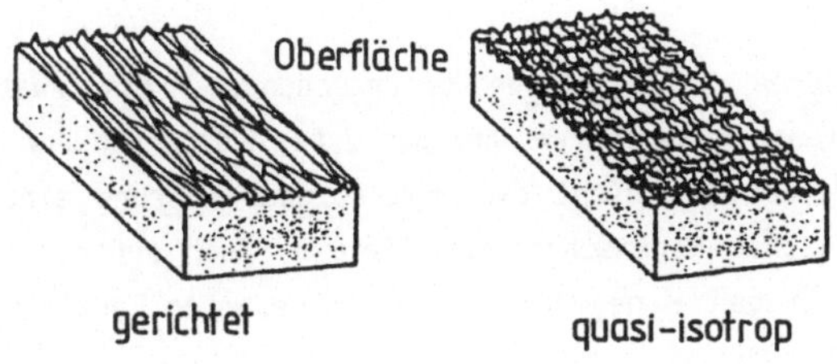

Bild 3: Oberflächenstrukturen.

d.h. von der Korngröße und dem Ausmaß der maximalen Formänderung ausgeht.
Da die Korngröße mit der Blechqualität vorliegt, kann eine Optimierung des
Ziehvorganges hinsichtlich der Oberflächenbeschaffenheit im wesentlichen
nur über die Beeinflussung der größten auftretenden Formänderung erfolgen.
Die Vorgangsparameter sind demnach so zu wählen, daß sich ein möglichst
geringer Kraftbedarf und eine günstige Formänderungsverteilung ergibt.
Dem sind aber konstruktionstechnische und verfahrenstechnische Grenzen
gesetzt, so daß versucht werden muß, die tribologischen Bedingungen in den
Blech-Werkzeug-Kontaktflächen günstiger zu gestalten /36, 39/.

In einer parallel zu Mössle verlaufenden Untersuchung variierte Pfleger
/38/ die Oberflächenrauheit durch einen Nachwalzvorgang (Dressieren) mit
sandgestrahlten Arbeitswalzen. Eine höhere Ausgangsblechrauheit - vergleichbar der von Stahlblechen - lieferte eine drastische Verbesserung der
Tiefzieheigenschaften. Auf den Gebrauch von Ziehfolien erschien verzicht-
bar, da offensichtlich eine günstige Oberflächenfeingestalt in Verbindung
mit einer optimalen Schmierung auch die Neigung zu Werkstoffübertragungen
(Anfressungen) minderte. Die Überprüfung der Ergebnisse in der Fertigung
von Karosserieteilen hatte zur Folge, daß die Ausschußquoten deutlich
sanken. Eine Klärung der tribologischen Vorgänge im einzelnen, wie z.B. der
Ablauf der reibungsbeeinflussenden Wirkmechanismen während der Umformung,
blieb diese Untersuchung jedoch schuldig.

Beim Auswerten der Literatur fällt auf, daß die bisher durchgeführten
Untersuchungen ganz grob in zwei Kategorien eingeteilt werden können. Zum
einen lassen sich sehr theoretisch gehaltene Untersuchungen unterscheiden,
die in manchen Fällen anhand von Modellversuchen zu tribologischen
Vorgängen unter Variation nur weniger Einflußgrößen mosaikartige Informationen beisteuern, die sich aufgrund der oft sehr unterschiedlichen

Randbedingungen nur schwer zu fertigungstechnischer Nutzung zusammenfügen lassen.

Auf der anderen Seite stehen Untersuchungen, die zwar fertigungsnah Verfahrensparameter variieren und gezielte Änderungen von Randbedingungen vornehmen, dafür aber nicht die erschöpfende Klärung einzelner Phänomene und tribologischer Wirkmechanismen liefern. Auch auf die Berücksichtigung der Randbedingungen - gegeben durch den gesamten Fertigungsablauf - wird nur selten eingegangen.

In einer systematischen Vorgehensweise sollten daher grundsätzliche Überlegungen zu beeinflussenden Parametern sowie sorgfältig dokumentierte und soweit möglich quantifizierte Beobachtungen zusammengeführt werden, um die Frage nach der ziehtechnisch optimalen Aluminiumoberfläche innerhalb des von Herstellung, Weiterverarbeitung und Gebrauch abgegrenzten Optimierungsfeldes beantworten zu können.

2.2 ZIELSETZUNG DER ARBEIT

Anhand zweier beim Tief- und Streckziehen sowie Karosserieziehen häufig eingesetzter Aluminiumlegierungen mit jeweils unterschiedlichen Oberflächenstrukturen soll der Einfluß der Oberflächenbeschaffenheit auf das Verhalten bei der Umformung, auf das tribologische Verhalten, besonders auf das Reibungsverhalten, auf das Verhalten beim Auftreten von Werkstoffübertrag und auf das Verhalten beim Tief-, Streck- und Karosserieziehen allgemein erfaßt werden.

Die Ergebnisse sollen Aussagen darüber ermöglichen, ob und in welchem Umfang die Oberflächenfeingestalt die Tribologie in der Aluminiumumformung beeinflußt, und in welche Richtung eine Optimierung der Oberflächenmikrostruktur von Aluminiumfeinblech erfolgen sollte.

Die Oberflächenfeingestalt im Ausgangszustand wirkt sich nicht nur auf das Verhalten beim Umformen aus, sondern auch auf die Oberflächenbeschaffenheit der umgeformten Werkstücke. Es soll deshalb auch die Eignung der Werkstückoberflächen für eine nachfolgende Oberflächenbehandlung (Lackierung) und für Fügevorgänge (Widerstandspunktschweißen) berücksichtigt werden.

Eine weitere Eingrenzung des Optimierungsfeldes bildet die Herstellbarkeit der Oberflächenfeingestalt durch den Walzprozeß. Deshalb ist es erforderlich, auch hierzu Hinweise zu erarbeiten, um so zu einer durchgängigen Betrachtung, angefangen vom Walzwerk bis hin zum Endprodukt "Lackiertes Karosserieteil" über den Untersuchungsschwerpunkt "Umformverhalten" zu gelangen.

Bild 4 zeigt schematisch die Vorgehensweise bei der Bearbeitung der Aufgabenstellung. Eine zentrale Bedeutung nimmt die systematische Erstellung und fortlaufende Ergänzung des Anforderungskataloges an Aluminiumfeinbleche und deren Oberflächenbeschaffenheit ein, der aufgestellt wird ausgehend vom vor Ort erarbeiteten Problemkreis industrieller Karosserieteilefertigung, über eine sich damit wirkungsvoller gestaltende Literaturauswertung, über eine Orientierung beim Optimierungsvorgehen bei Stahlblechoberflächen bis hin zur Berücksichtigung der Weiterverarbeitungs- und Gebrauchseigenschaften von umgeformten Blechteilen.

In mehreren Durchläufen erfolgen Auswahl und Fertigung von Blechen mit gezielt variierter Oberflächenfeingestalt unter Berücksichtigung der durch den Walzprozess gegebenen Randbedingungen sowie die Durchführung von Modell- und Ziehteilversuchen, wobei nach jedem Durchlauf der Anforderungskatalog nach gewonnenen Erkenntnissen ergänzt und vervollständigt wird.

Die Modellversuche dienen der Ermittlung des Verhaltens der Oberflächen unter verschiedenen Bedingungen bei freier Umformung, d.h. ohne Werkzeugkontakt sowie bei gebundener Umformung, d.h. mit Werkzeugkontakt und der damit einhergehenden tribologischen Vorgänge.

In weiteren Versuchsreihen werden die Auswirkungen der Oberflächenfeinstruktur auf das Ziehergebnis beim Tief-, Streck- und Karossenziehen erfaßt.

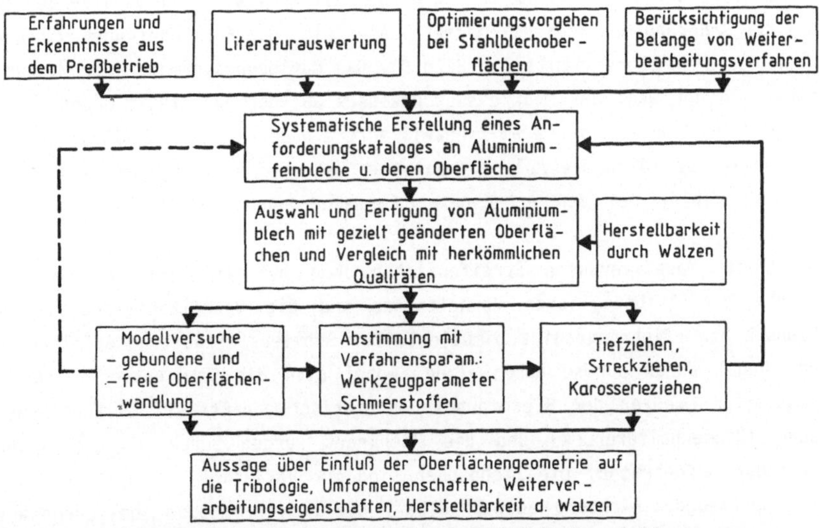

Bild 4: Vorgehensweise bei der Bearbeitung der Aufgabenstellung.

3.1 VERSUCHSPLAN UND VERSUCHSEINRICHTUNGEN

Eine vereinfachte Zusammenstellung des Versuchsplanes befindet sich im Anhang A1. Der Versuchsplan ist aufgegliedert in die Gruppen Modellversuche zur freien und gebundenen Oberflächenwandlung, Realteilversuche und Versuche zu Weiterverarbeitungs- und Gebrauchseigenschaften. Gemäß dieser Einteilung sollen im folgenden die jeweils dazu eingesetzten Versuchseinrichtungen sowie relevante Meßeinrichtungen vorgestellt und besprochen werden.

Zur Einleitung einer Änderung der Oberflächenbeschaffenheit der Versuchsbleche wurden für Betrachtungen zur freien Oberflächenwandlung der Stufenzugversuch (Probengeometrie in Anlehnung an DIN 50 114 /40/) und ein Streckziehversuch zur Realisierung gezielter Formänderungskombinationen eingesetzt. Das hierzu verwendete Werkzeug, mit dem Platinengeometrien nach der Methode von Hasek /41/ umgeformt wurden, zeigt Bild 5; dabei ließen sich die im gleichen Bild exemplarisch gezeigten Formänderungskombinationen verwirklichen. Mit Hilfe desselben Werkzeuges wurden die Grenzformänderungskurven und die maximalen Ziehtiefen nach Ghosh /42/ im $\underline{L}$imiting-$\underline{D}$ome-$\underline{H}$eight-$\underline{T}$est (LDH-Test) ermittelt.

Zur Feststellung der Formänderungsverteilung an gezogenen Blechteilen wurde das Liniennetzverfahren angewendet, bei dem vor der Umformung ein Raster von sich überdeckenden Kreisen durch elektrolytisches Ätzen auf das Blech aufgebracht wird. Bei der Umformung werden die Kreise zu Ellipsen verzerrt; aus der Änderung der Kreishalbmesser lassen sich die Formänderungen φ_1 und φ_2 in der Blechebene ermitteln (Bild 5). Das Auflösungsvermögen der Messung hängt von der Wahl des Meßkreisdurchmessers ab, der aus diesem Grund immer wesentlich kleiner als die am Ziehteil auftretenden Krümmungsradien gewählt werden sollte /41/. Die Ablesegenauigkeit betrug dabei ± 0,1 mm, was einem größten Fehler bei den errechneten Formänderungen von $\Delta \varphi = 0,04$ entspricht.

Durch die Modellversuche Streifenziehen ohne und mit Umlenkung (Bild 6) wurden die tribologischen Verhältnisse und die Oberflächenwandlung im Flansch bzw. Ziehringradius simuliert. Der Schmierstoffauftrag erfolgte in der Regel durch poröse Gummiwalzen, wobei sich die Schmierstoffmenge in bestimmten Grenzen der Blechrauheit automatisch anpaßte. Die Flächenpressung (Niederhalterdruck) und die Ziehkraft wurden durch ölhydraulische Zylinder aufgebracht. Die Ziehbacken sind zur Variation von Werkzeugstoff und Werkzeugbeschichtung auswechselbar. Die Meßeinrichtung, bestehend aus

Kraft- und Wegaufnehmer, erlaubt die analoge Aufzeichnung der Kraftverläufe im x-y-Schreiber. Die Anlage wurde von der Firma Daimler Benz AG, Werk Sindelfingen, zur Verfügung gestellt.

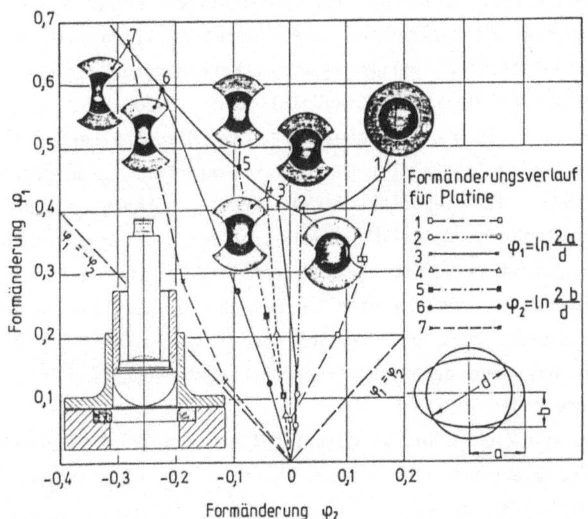

Bild 5: Grenzformänderungsschaubild, aufgenommen im Tiefungsversuch mit kreisförmigen, auf zwei Seiten ausgeschnittenen Platinen nach Hasek /41/.

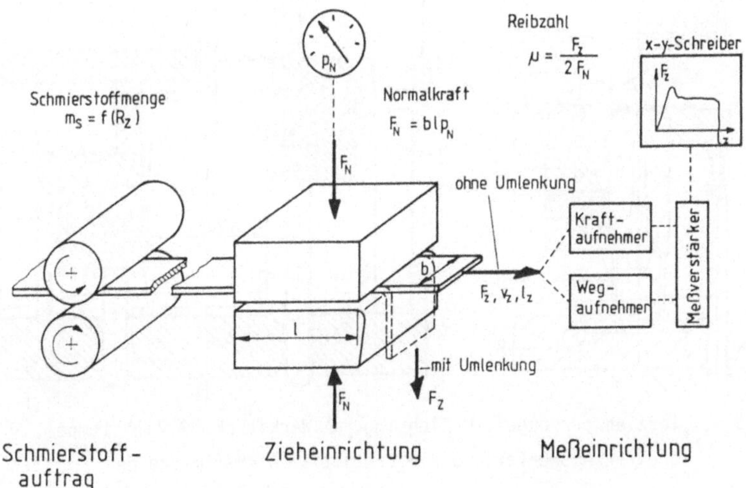

Bild 6: Versuchsaufbau Streifenziehen ohne und mit Umlenkung.

Bild 7 zeigt die Werkzeuge, die zum Ziehen von Näpfen mit kreiszylindrischem Zargenquerschnitt (Bild 7 links) und quadratischen Zargenquerschnitt (Bild 7 rechts) eingesetzt wurden. Beide Werkzeuge sind so gestaltet, daß jeweils Ziehstempel, Ziehring und Niederhalter für die Variation der Werkzeuggeometrie (Stempelradius, Ziehringradius, Ziehspalt und Ziehleisteneinsatz) ausgetauscht werden konnten. Werkzeugstoff in den mehrheitlichen Fällen war 1.2601 (X 165 CrMoV 12) oder 1.2080 (X 210 Cr 12) jeweils gehärtet auf ca. 60 HRC. Stempelkraft und Niederhalterkraft wurden im Werkzeug mit kreiszylindrischem Querschnitt mit Dehnungsmeßstreifen und im Werkzeug rechts mit piezoelektrischen Kraftaufnehmern gemessen. Mittels Induktiv-Wegaufnehmern wurde der Ziehweg erfaßt. Der Gesamtfehler, der bei Messung und Aufzeichnung der Kräfte entstand - dies gilt auch für den Streifenziehversuch - betrug nach Angaben der Hersteller von Kraftmeßkörpern, Ladungsverstärkern und x-y-Schreibern ca. 1,5 %. Der Ablesefehler wirkte sich bei den gewählten Vergrößerungen höchstens mit 0,5 % der maximal auftretenden Kräfte aus.

Das Werkzeug zum Ziehen von Karosserieteilen (Pedaltopf) war ein ungeführter Stempel-, Ziehring- und Niederhaltersatz aus einer Reinzinklegierung (Härte 130 HB). Der relative Ziehspalt u_Z/s_0 betrug im Mittel 1,4, der Ziehkantenradius r_Z minimal 4 mm.

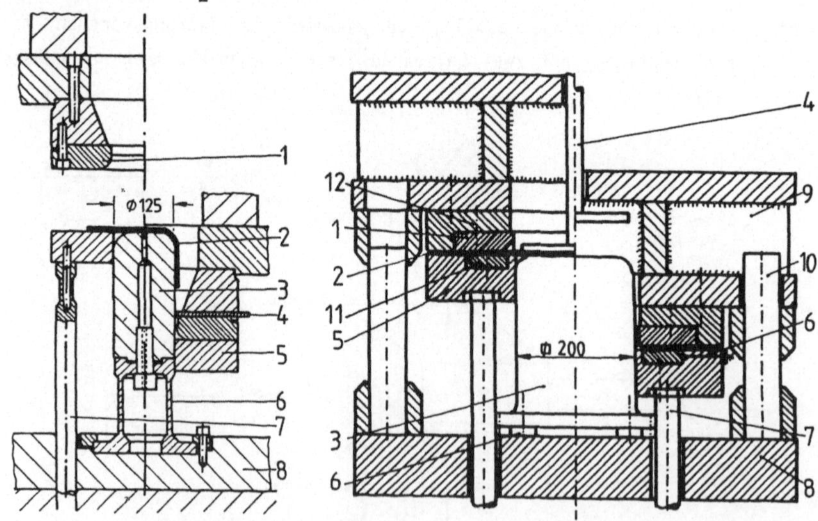

Bild 7: Tiefziehwerkzeuge: 1 Ziehring, 2 Werkstück, 3 Ziehstempel, 4 Abstreifer/Auswerfer, 5 Niederhalter, 6 Kraftmeßkörper, 7 Ziehkissenpinolen, 8 Grundplatte, 9 Oberteil, 10 Säulenführung, 11 Ziehleistenaufnahme, 12 Ziehringaufnahme.

Zur Aufnahme der Ziehwerkzeuge standen zwei ölhydraulische, doppelt wirkende Tiefziehpressen mit einer Nennkraft von 600 kN bzw. 2000 kN zur Verfügung.

Zum rauheitsunabhängigen, definierten und reproduzierbaren Auftragen von Schmierstoff wurde als Versuchshilfseinrichtung eine Sprühanlage (Bild 8) konstruiert. Platinen einer maximalen Breite von 340 mm konnten durch ein hinreichend gleichmäßiges Sprühbild der Zweistoffdüse (Bild 9) mit Schmierstoff des Viskositätsbereiches $1 \leqslant \dot{\mathcal{V}} \leqslant 300 \ mm^2/s$ einseitig und beidseitig (durch Wenden der Platine) versehen werden. Die Grobeinstellung der Schmierstoffmenge erfolgte durch Druckluft- und Schmierstoffmengenregler, die Feineinstellung durch einen frequenzgenerator-angesteuerten, drehzahlstabilen Schrittmotor.

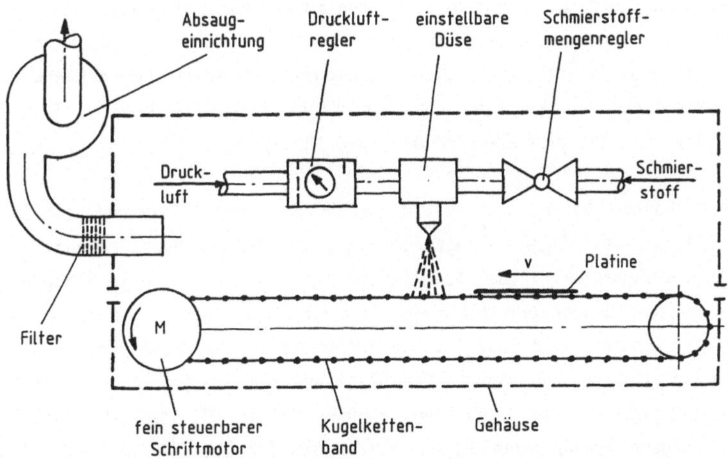

Bild 8: Sprüheinrichtung zum Auftragen von Schmierstoff auf Platinen.

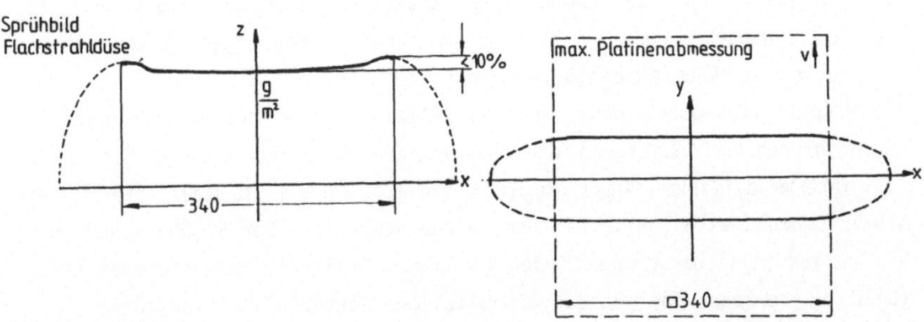

Bild 9: Verteilung der Schmierstoffmenge über der Platinenabmessung (Düsen-Sprühbild).

3.2   <u>VERSUCHSWERKSTOFF</u>

Es wurden zwei speziell für den Karosseriebau entwickelte Aluminiumlegierungen verwendet. Die Legierung AlMg 5 Mn diente dabei als Referenzwerkstoff, weil aus dem gleichen Coil als Vormaterial die verschiedenen Oberflächenqualitäten bei annähernd gleichen Verfahrensparametern im Versuchswalzwerk des Leichtmetallforschungsinstitutes der VAW Vereinigte Aluminiumwerke AG, Bonn, gewalzt werden konnten. Die Oberflächenqualitäten der zweiten Blechlegierung AlMg 0,4 Si 1,2 stammten aus verschiedenen Walzwerken; die Bleche wurden von der Firma Daimler Benz AG, Werk Sindelfingen, zur Verfügung gestellt. Deshalb differierten die AlMg 0,4 Si 1,2 Oberflächenqualitäten in ihren mechanischen Eigenschaften innerhalb der gültigen Liefervorschriften in geringfügigem Maße.
Die chemische Zusammensetzung dieser Werkstoffe (Anhang A2) zeigt Ähnlichkeiten mit drei im internationalen Verzeichnis für Aluminium-Knetwerkstoffe /43/ enthaltenen Legierungen: So entspricht AlMg 5 Mn etwa AA 5182 und AlMg 0,4 Si 1,2 ist AA 6009 oder AA 6010 ähnlich.

Die naturharte Legierung AlMg 5 Mn wurde nach dem Walzprozeß abgelängt, gestapelt und bei 350°C weichgeglüht (Zustand w). Der Hauptbestandteil des AlMg 5 Mn-Gefüges (Bild 10a) ist Aluminiummischkristall (helle Flächen) mit feinen Ausscheidungen der intermetallischen Phase Al_3Mg_2 im Korninnern. Im verformten Gefüge (Bild 10b) ist die intermetallische Phase perlschnurartig an den Korngrenzen angeordnet. Die Siliziumverunreinigungen sind als Mg_2Si (große schwarze Punkte) gebunden. Mangan bildet mit dem als natürliche Verunreinigung vorhandenen Eisen schwer lösliche spröde intermetallische Phasen. Diese bewirken eine Verfestigung bis zu einem bestimmten Grad.
Die aushärtbare Legierung AlMg 0,4 Si 1,2 wird nach dem Walzen kurzzeitig lösungsgeglüht (ca. 560-570°C) und anschließend rasch abgekühlt. Ein zeitlich annähernd stabiler Zustand wird nach einer Lagerung von ein bis vier Wochen bei Raumtemperatur erreicht (Zustand T4).
Die Hauptlegierungsbestandteile sind Silizium und Magnesium, die nach dem Lösungsglühen und Auslagern den Aushärtungseffekt hervorrufen. Sie bilden die intermetallische Phase Mg_2Si (Bild 10c, graue Punkte), die in die Aluminiumgrundmasse (helle Flächen) eingelagert ist. Der Si-Überschuß wurde als reines Silizium ausgeschieden (schwarze Stellen). Im verformten Gefüge (Bild 10d) erkennt man gut das globulitische Rekristallisationskorn.
Die Mg_2Si-Phase ist zeilenförmig angeordnet und verleiht dadurch der Legierung eine zusätzlich Warmaushärtbarkeit, was z.B. beim Lackeinbrenn-

vorgang zu einer Erhöhung der Zugfestigkeit R_m um bis zu 50 N/mm² führt /44, 45/.

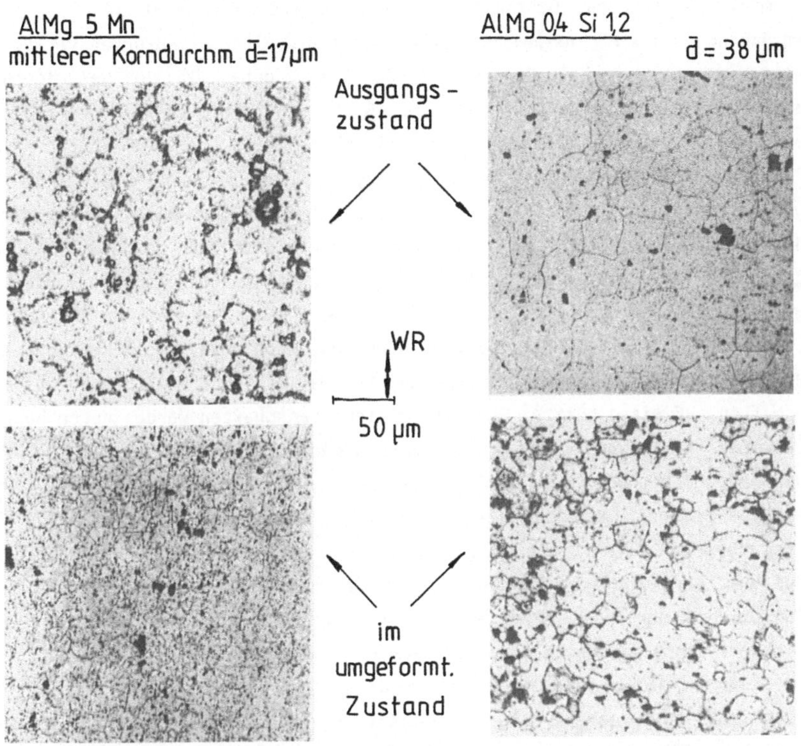

Bild 10: Gefüge der untersuchten Legierungen im Ausgangs- und umgeformten Zustand.

3.2.1 Mechanische Eigenschaften der Versuchswerkstoffe

Die Legierung AlMg 5 Mn neigt zur Bildung diskontinuierlicher Fließerscheinungen (Fließfiguren), d.h. im Zugversuch zeigten sich sichtbare Spannungsüberhöhungen mit anschließend ausgeprägten Fließbereichen, wobei im Bereich von 1,5 % bis 2 % Dehnung Fließfiguren vom Typ A (Streckgrenzeneffekte, Lüdersbänder) entstehen. Bei höheren Dehnungen tritt der "Portevin-le-Chatelier-Effekt" (dynamische Reckalterung) auf. Dabei steigt die Kraft stufenweise an, die Dehnung der Zugprobe erfolgt ruckweise, und es bilden sich Streifen unter ca. 57° zur Dehnungsrichtung, die als Fließfiguren vom Typ B bezeichnet werden /46/.

Die wichtigsten mechanischen Kennwerte und die Fließkurven der beiden Aluminiumlegierungen, bestimmt nach dem Zugversuch (DIN 50 114 /40/), sind im Anhang A3 bis A5 zusammengestellt. Die ermittelten Fließkurven verlaufen alle, ausgenommen bei der Isomill-Qualität, unter 0° zur Walzrichtung gezogen bei höheren Werten als unter 45° oder 90°. Die Zugfestigkeit liegt bei AlMg 5 Mn deutlich höher als bei AlMg 0,4 Si 1,2. Die Bruchdehnung liegt bei den AlMg 5 Mn-Blechen ca. 25 % unter der der AlMg 0,4 Si 1,2 Qualitäten. Ein Maximum der Bruchdehnung unter 45° zur Walzrichtung wurde dabei immer erreicht; die Richtungsabhängigkeit ist insgesamt jedoch gering. In analoger Weise verhält sich die Gleichmaßdehnung. Die Verfestigungsexponenten waren bei allen Werkstoffen (außer bei der Isomill-Qualität) unter 45° zur Walzrichtung am höchsten, wobei die AlMg 5 Mn-Legierung ein niedrigeres Niveau einnahm und damit etwas schlechtere Streckzieheigenschaften aufweisen dürfte. Günstigere Zieheigenschaften werden durch höhere Beiwerte r der senkrechten Anisotropie angedeutet, was in diesem Fall für die Blechlegierung AlMg 5 Mn gegenüber AlMg 0,4 Si 1,2 zutrifft. Der höchste Beiwert liegt bei der AlMg 5 Mn-Legierung unter 45° zur Walzrichtung, bei den aushärtbaren Legierungen unter 0° oder 90° zur Walzrichtung. Aus dem Vergleich der Maßzahlen läßt sich auch der Beiwert der ebenen Anisotropie errechnen, der bei AlMg 5 Mn am kleinsten war und somit auf kleinere Zipfelbildungen beim Tiefziehen hindeutete.

Die Grenzformänderungskurven (vgl. Anhang A6) wurden nach der Methode von Hasek /41/ entsprechend Bild 5 ermittelt. Es zeigte sich auch hier, daß die Legierung AlMg 0,4 Si 1,2, der in der Praxis das geringere Formänderungsvermögen nachgesagt wird, eine höhere Lage der Grenzformänderungskurve gegenüber AlMg 5 Mn aufweist. Als Ursache für diese zunächst widersprüchlichen Ergebnisse ist der Formänderungsgradient bzw. die Formänderungsverteilung beim Ziehen beider Werkstoffe zu sehen. Nach Blaich /47/ werden bei der Aufnahme der Grenzformänderungskurve für AlMg 0,4 Si 1,2 höhere lokale Formänderungen gemessen als bei der naturharten Legierung AlMg 5 Mn, obwohl diese Blechqualität wegen der gleichmäßiger verteilten Dehnung insgesamt größere Formänderungen ermöglicht.

Die Blechdicke aller Legierungen lag bei 1,25 mm, in einem Toleranzfeld von + 0,8 % und - 2,8 % über Tafelbreiten, -längen, -anzahl und alle Oberflächenqualitäten hinweg gemessen.

3.2.2   Oberflächenbeschaffenheit des Versuchswerkstoffes

In den nachfolgenden Unterkapiteln werden die Themenkreise Herstellung der Blechoberflächen, Benennung und Beschreibung der Feingestalt insbesondere hinsichtlich der Aussagekraft gemäß den tribologischen Kriterien besprochen.

3.2.2.1 REM-Aufnahmen, Schliffe senkrecht zur Blechebene

Die Bilder 11 und 12 zeigen für die einzelnen Oberflächen jeweils durch das Rasterelektronenmikroskop gewonnene Aufnahmen, ferner Tastschnitt-Profil-

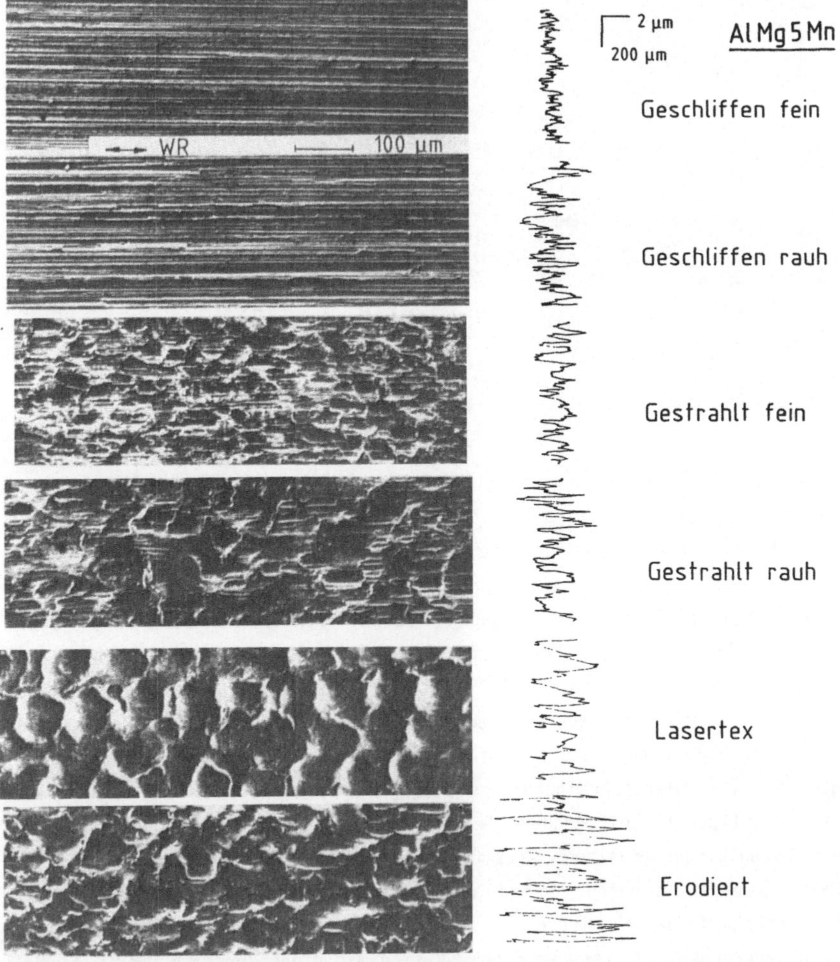

Bild 11a: REM-Aufnahmen und Profilschriebe der Blechausgangsoberflächen.

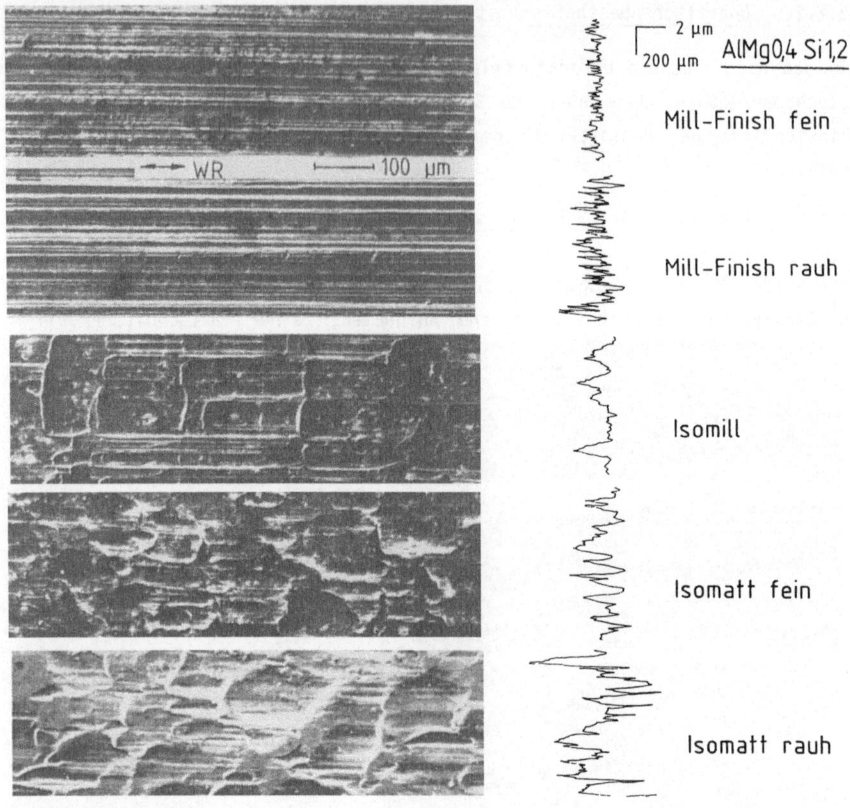

Bild 11b:REM-Aufnahmen und Profilschriebe der Blechausgangsoberflächen.

schriebe und Randschichtschliffe. Die Bezeichnungen der Blechoberflächen richten sich dabei nach der Art der Walzenpräparation. So wurden die Oberflächen mit den Bezeichnungen "Geschliffen fein" und "rauh" bzw. "Mill-Finish fein" und "rauh" durch Umfangsschleifen der Arbeitswalzen hergestellt. Die Qualität "fein" kann für die beiden Legierungen jeweils als marktüblich angesehen werden. Die Isomill-Oberflächenstruktur wurde durch ein Walzenpaar, das mit einem speziellen Kreuzschliff versehen war, gewalzt. Die Blechoberflächenbezeichnungen "Gestrahlt" und "Isomatt" mit den jeweiligen Rauheitsgraden "fein" und "rauh" gelten für Bleche, gewalzt mit stahlkiesgestrahlten Arbeitswalzen. Bild 13a veranschaulicht die Walzenpräparation durch Laserpulsen, nach der die Blechoberfläche "Laser-tex" entstand. Danach wird ein Laserstrahl durch eine rotierende Lochschei-be unterbrochen. Der Laserkopf bewegt sich mit einem Vorschub, der wiederum

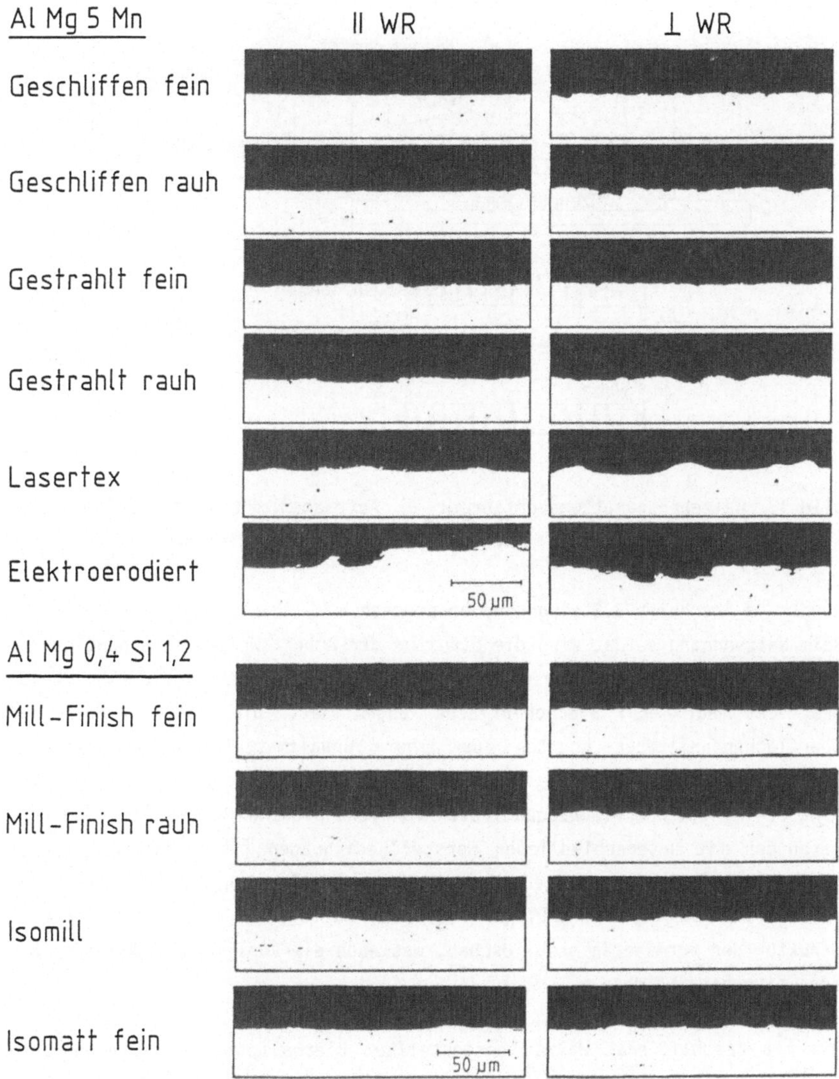

Bild 12: Randschichtschliffe senkrecht zur Blechoberfläche (weiß = Blechrandschicht).

mit der Drehbewegung der Arbeitswalze gekoppelt ist. Auf der Walzenoberfläche werden durch den Laserpuls Noppen erzeugt. Beim Elektroerodieren der
Arbeitswalzen (Bild 13b) werden Rauheitsstrukturen funkenerosiv hergestellt. Die Walzenpräparationsverfahren sowie deren Vor- und Nachteile

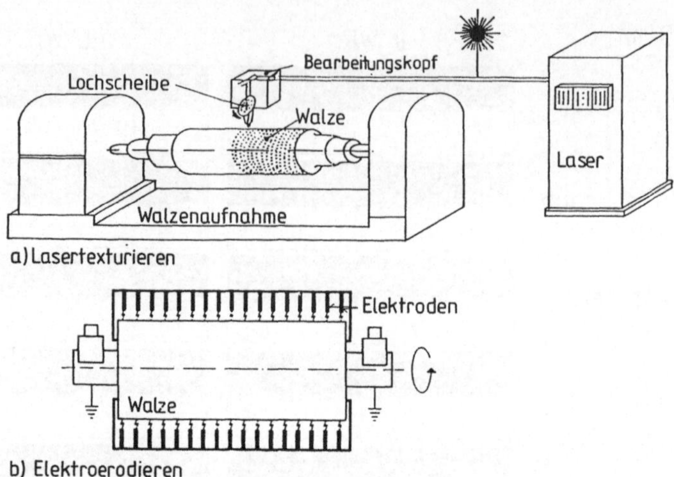

Bild 13: Walzenpräparationsverfahren: a) Aufrauhen durch Laserpulsen (Lasertexturieren); b) Aufrauhen durch Funkenerodieren.

werden im Abschnitt 8.2 eingehend besprochen.

Beim Walzvorgang selbst wird die Struktur der Arbeitswalzen in Abhängigkeit von verschiedenen Verfahrensparametern um die Formänderungsgeschwindigkeit gestreckt auf der Blechoberfläche abgebildet. Die sechs AlMg 5 Mn-Oberflächenqualitäten konnten aus einem Vorwalzmaterial unter gleichen Bedingungen (Stichabnahme um 10 %) erzeugt werden, wogegen die AlMg 0,4 Si 1,2-Oberflächenqualitäten von verschiedenen Walzwerken, dadurch verbunden mit unterschiedlichen Herstellbedingungen (Stichabnahmen bis zu 50 %), bezogen werden mußten. Stichabnahmen im Bereich von 10 % bis 50 % reichen nach Angaben von Pfleger /38/ jedenfalls aus, um die Oberflächenstruktur des Vormaterials zu löschen, was auch die vorliegenden REM-Aufnahmen weitgehend belegen.

Die mit geschliffenen Walzen hergestellten Bleche weisen eine ausgeprägt rillige, in Walzrichtung verlaufende Oberflächenstruktur auf. Die Isomill-Oberfläche zeigt Höhenzüge parallel und senkrecht zur Walzrichtung. Oberflächen, erzeugt durch gestrahlte oder erodierte Walzen, besitzen keine Vorzugsrichtung von Rauheitserhebungen. Dieses Erscheinungsbild wird auch als quasi-isotrop bezeichnet /13, 16/. Die Oberfläche Erodiert zeigt die höchste Rauheit, ist stark zerklüftet und mit einer Art überlagerter Mikrorauheit versehen.

Die Lasertex-Oberfläche besitzt ein Muster von kraterförmigen, annähernd abgeschlossenen Vertiefungen mit schmalen Kraterrändern bzw. Höhenzügen. Die Mikrorandschicht erscheint glatt und nicht derart zerklüftet, wie z.B. die der Oberfläche Geschliffen rauh oder Erodiert.

3.2.2.2 Ermittlung verschiedener Rauheitsmaßzahlen

Die quantitative Erfassung der Oberflächenfeingestalt erfolgt mit Hilfe eines mikroprozessorgesteuerten Meß- und Auswertegerätes vom Typ Hommel Tester T 20 S, das nach dem Tastschnittverfahren arbeitet und die Erfassung der in DIN 4762/4768 genormten Kennzahlen ermöglicht.

Die Anwendung statistischer Methoden zur Beschreibung der Oberflächenrauheit wurde durch ein im Meßgerät implementiertes Statistikprogramm vereinfacht, das eine schnelle Verarbeitung der Einzelmeßwerte zu Kollektivgrößen wie Mittelwert, Standardabweichung bzw. Streuung ermöglichte.

Bei den Messungen waren die Größen Taststrecke (l_t = 4,8 mm), Tastgeschwindigkeit (v_t = 0,5 mm/s) und Grenzwellenlänge (λ_c = 0,8 mm) fest eingestellt.

Beim Ausmessen des Eckenbereichs der quadratischen Näpfe (Radius r_E = 20mm) mußte die Taststrecke auf l_t = 2,5 mm verringert werden. Dabei änderte sich automatisch die Tastgeschwindigkeit auf v_t = 0,2 mm/s und die Grenzwellenlänge auf λ_c = 0,25 mm. Aus Vergleichsmessungen konnte kein eindeutiger Einfluß der geänderten Meßbedingungen auf das Meßergebnis festgestellt werden.

Sofern nicht besonders darauf hingewiesen wird, wurden alle Oberflächenmessungen unter 90° zur Walzrichtung durchgeführt.

Für die Beschreibung der gegen Beschädigung empfindlichen Aluminiumoberflächen wurden solche Kennwerte herangezogen, die relativ unempfindlich auf Ausreißer reagieren. Im Anhang A7 ist die Zusammenstellung der in der vorliegenden Untersuchung angewandten Kennzahlen wiedergegeben. Neben den nach DIN 4762/DIN 4768 genormten Maßzahlen, wie arithmetischer Mittenrauhwert R_a, gemittelte Rauhtiefe R_z, gemittelte Glättungstiefe R_{pm}, Mikroprofiltraganteilkurve und Schiefe S_k der Häufigkeitskurve wurde ferner die normierte Riefen- oder Spitzenzahl N_R nach Knoche u.a. /48/, der Profilleeregrad λ_p, der räumliche Leeregrad λ_r und die relative Rauheitsänderung ϱ nach Kienzle und Mietzner /13/ sowie die Oberflächenmaßzahl M_0 nach Reitzle u.a. /26/ ermittelt.

Die vertikalen Maßzahlen, wie gemittelte Rauhtiefe R_z und gemittelte Glättungstiefe R_{pm} bieten eine anschauliche Möglichkeit, sich einen

Eindruck über die Randzonenbreite, in der sich die Rauheit (Gestaltabweichungen 3. und höherer Ordnung) befindet, zu verschaffen. Ferner bildet R_{pm} das gedachte Maß, um das ein Rauheitsprofil niedergepreßt werden müßte, bis die ganze Fläche bei konstantem Rauminhalt der Randschicht eingeebnet wäre.

Die normierte Riefen- oder Spitzenzahl N_R gibt die Anzahl der auf 10 mm Bezugsstrecke auftretenden Profilspitzen an. Eine Spitze wird nur dann gezählt, wenn der Profilverlauf die auf R_a bezogenen und parallel zur Mittellinie verlaufenden Zählschwellen von unten kommend hintereinander schneidet. Der Vorteil dieses Verfahrens zur Spitzenzählung liegt gegenüber anderen /49, 50/ darin, daß die Zählschwellen auf eine Vertikal-Rauheitsmaßzahl bezogen werden. Die Spitzenzahl N_{SAE} nach /50/ hat den konstanten Zählschwellenabstand von 1,27 µm und kann somit Spitzen feinerer Profile nicht erfassen.

Für den Profiltraganteil wurde zum einen die Darstellung $t_{pi} = f(c_{tp})$ aufgezeichnet; zum anderen wurde, um die Profilformen nach Hansen /51/ quantitativ vergleichen und klassifizieren zu können, die Darstellung $t_{pi} = f(c_{tp}/R_{max})$ gewählt (Bild 14). Nach Kienzle und Mietzner /13/ werden die Profile A und B als "geschlossen", D und E als "offen" bezeichnet.

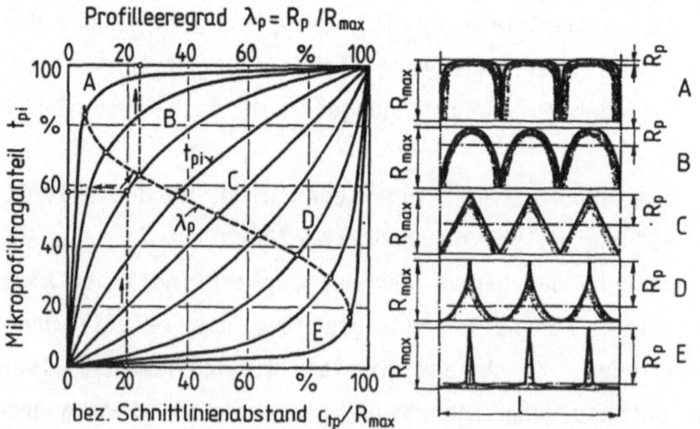

Bild 14: Systematik zur Darstellung beliebiger Oberflächenprofilformen mittels Mikroprofiltraganteil und Profilleeregrad /51/.

Eine weitere Möglichkeit zur Beschreibung der Oberflächenfeinstruktur ist durch die Amplitudenverteilung gegeben, die in der Statistik als Wahrscheinlichkeits-Dichtefunktion (Häufigkeitskurve) bezeichnet wird. Als charakteristische Größe wird die Asymmetrie der Schiefe der Amplitudenverteilung S_k verwendet. Die Schiefe weist einen negativen Wert für plateauförmige, geschlossene Oberflächen und einen positiven Wert für Oberflächen mit schlanken Profilerhebungen, also offene Profile, auf. Für symmetrische Profile hat die Schiefe S_k den Wert Null. Ein großer Nachteil dieses Parameters ist seine Empfindlichkeit gegenüber Ausreißern, da die Amplitudenwerte bei der Berechnung in der dritten Potenz eingehen.

Neben den weitgehend genormten Kennzahlen wurden als abgeleitete Größen der Profilleeregrad λ_p und der räumliche Leeregrad λ_r verwendet. Der Profilleeregrad λ_p läßt sich aus dem Verhältnis R_{pm} zu R_{max} oder R_z bilden und dient zur Charakterisierung von Oberflächenstrukturen (Bild 14), da trotz gleicher R_z-Maßzahlen deutliche geometrische Unterschiede bestehen können /13, 51/.

Der räumliche Leeregrad λ_r läßt sich gemäß den Rechenanleitungen nach Kienzle und Mietzner /13/ bestimmen und gibt u.a. einen Hinweis, wieviel Schmierstoff eine Oberfläche theoretisch in der Randschichtbreite R_z aufnehmen könnte.

Da nicht nur die Geometrie der Oberflächenfeingestalt einen Einfluß auf z.B. das Einglättungsverhalten haben kann, führten Reitzle u.a. /26/ eine, auch die Härte der Randschicht berücksichtigende kombinierte Maßzahl M_0 ein. Hierbei wird der arithmetische Mittenrauhwert durch das Produkt aus Profiltraganteil und Härtemaßzahl (z.B. Brinellhärte) dividiert. Die Problematik dieses Oberflächenkennwertes liegt in der Wahl der Schnittlinientiefen. In der vorliegenden Untersuchung wurden einmal die Empfehlungen für Schnittlinientiefen nach Reitzle /26/ übernommen (c_{tp1} = 2 µm und c_{tp2} = 4 µm) und zum anderen wurde, da manche gemittelten Rauhtiefenwerte der untersuchten Bleche unter c_{tp2} = 4 µm lagen, die bezogenen Profiltraganteile t_{pi} für c_{tp}/R_{max} bei 20 % und 40 % gewählt und als M_0^* bezeichnet.

Schließlich wurde noch eine Maßzahl ϱ für die Oberflächenwandlung nach Kienzle und Mietzner /13/ angewandt. Für den arithmetischen Mittenrauhwert R_a, die gemittelte Rauhtiefe R_z und die gemittelte Glättungstiefe R_{pm} wird die Differenz von Anfangsrauheit und Endrauheit gebildet und auf die Anfangsrauheit bezogen.

Die im Anhang A8 aufgelisteten Rauheitsmaßzahlen sind Mittelwerte aus 5 Messungen je Blechtafelseite sowie Mittelwerte aus den Messungen der beiden Tafelseiten. Vorder- und Rückseite der Blechtafeln unterschieden sich außer bei der Oberfläche Isomill ($\Delta R_z \approx 1$ µm) nur geringfügig. Die Oberflächen Geschliffen fein und rauh sowie Gestrahlt fein und rauh der AlMg 5 Mn Bleche ließen sich nach der Größenordnung der Rauheitsmaßzahlen relativ gut mit den Oberflächen Mill-Finish fein und rauh sowie Isomatt fein und rauh

- 36 -

der AlMg 0,4 Si 1,4 Bleche vergleichen. Bei den gerichteten Oberflächen lagen die unter 90° zur Walzrichtung gemessenen Rauheitsmaßzahlen um das zwei- bis fünffache über den parallel zur Walzrichtung gemessenen Zahlen. Quasi-isotrope Oberflächen, wie Isomill und Lasertex, zeigten keine derart deutlichen Unterschiede.

Der Profilleeregrad λ_p, parallel zur Walzrichtung ermittelt, ist bei Geschliffen bzw. Mill-Finish ohne Aussagekraft, da sich $R_{z\|} \ll R_{z\perp}$ ergibt. Wie auch schon die Schliffbilder (Bild 12) vermuten ließen, zeigte die Lasertex-Oberfläche den größten räumlichen Leeregrad; das gleiche gilt für die Isomill-Oberfläche bei den AlMg 0,4 Si 1,2 Legierungen. Infolge der Zählmethode zeigten die Riefen- bzw. Spitzenzahlen bei Oberflächen, hergestellt mit geschliffenen Walzen, die höchsten Maßzahlen. Die Werte der Schiefe der Amplitudenverteilung lagen dicht um eine Gaußsche-Normalverteilung mit dem Wert $S_k = 0$ und erlaubten daher nur eine geringe Differenzierung. Demgegenüber deutlichere Unterschiede zeigten die Oberflächenmaßzahlen M_0; allerdings fiel auf, daß bei verschiedenen quasi-isotropen Oberflächen größere Unterschiede bei Messungen senkrecht und parallel zur Walzrichtung auftraten. Dies deutet auf einen gewissen Einfluß der Mikroprofiltraganteilkurven hin.

Das Bild 15 zeigt den Profiltraganteil t_{pi} in Abhängigkeit von der Schnittlinientiefe c_{tp}. Auch hier kann festgestellt werden, daß die Oberflächen Geschliffen und Mill-finish bzw. Gestrahlt und Isomatt der beiden Blechlegierungen untereinander gut vergleichbar sind. Die Oberfläche Erodiert lag deutlich außerhalb des Bereiches, den die verschiedenen anderen Oberflächen füllten.

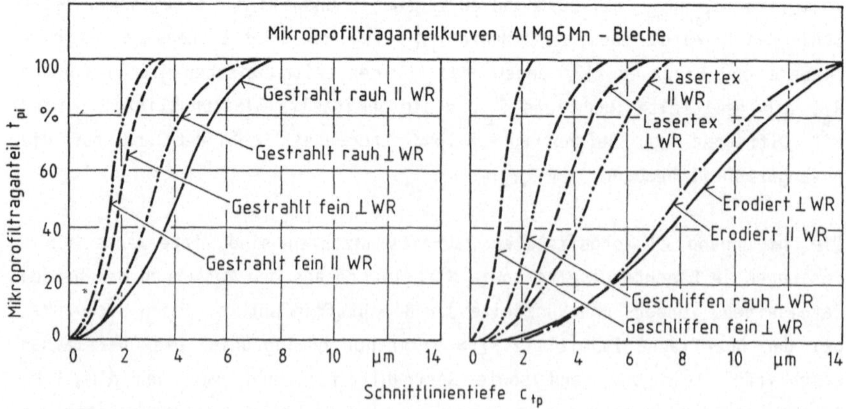

Bild 15a: Mikroprofiltraganteilkurven der Blechoberflächen im Ausgangszustand.

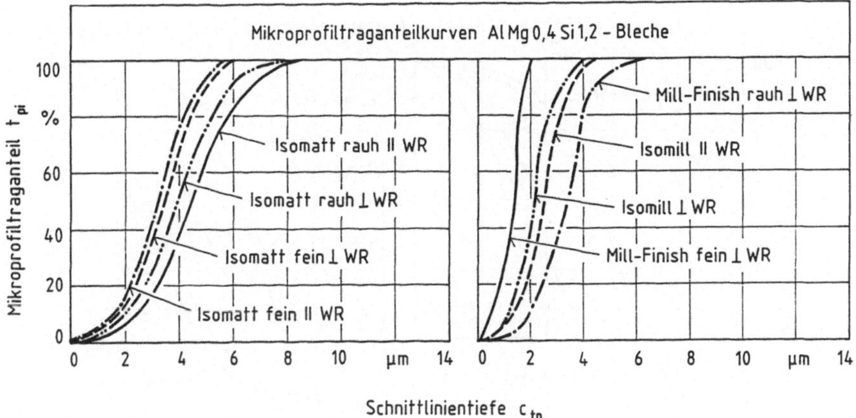

Bild 15b: Mikroprofiltraganteilkurven der Ausgangsblechoberflächen.

Erst die bezogenen Profiltraganteilkurven (Bild 16) ermöglichen jedoch einen Vergleich der Profilausbildung der einzelnen Oberflächen. Die Oberflächen Gestrahlt fein, Lasertex, Isomatt fein und Isomill fielen durch die anfänglich nur leichte Zunahme des Mikroprofiltraganteils auf, unabhängig davon, ob parallel oder senkrecht zur Walzrichtung gemessen wurde. Die Aussagekraft der Ausgangsrauheitsmaßzahlen bezüglich des tribologischen Verhaltens der Bleche beim Ziehen wird in Abschnitt 5.1.2 eingehend diskutiert.

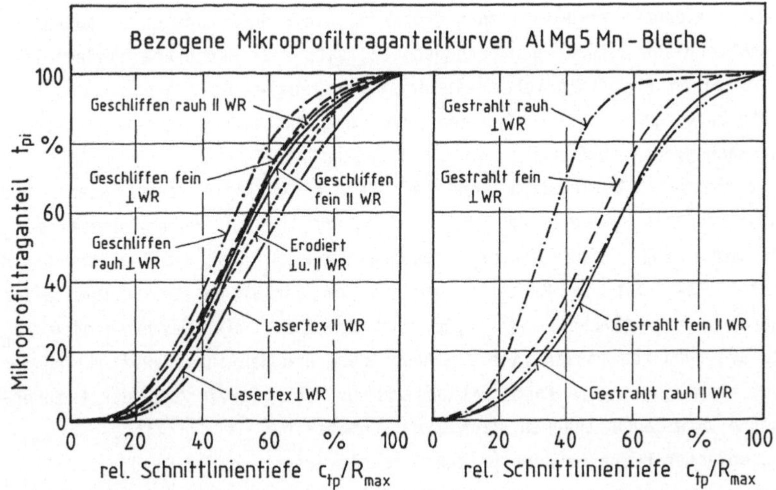

Bild 16a: Bezogene Mikroprofiltraganteilkurven der Blechoberflächen im Ausgangszustand.

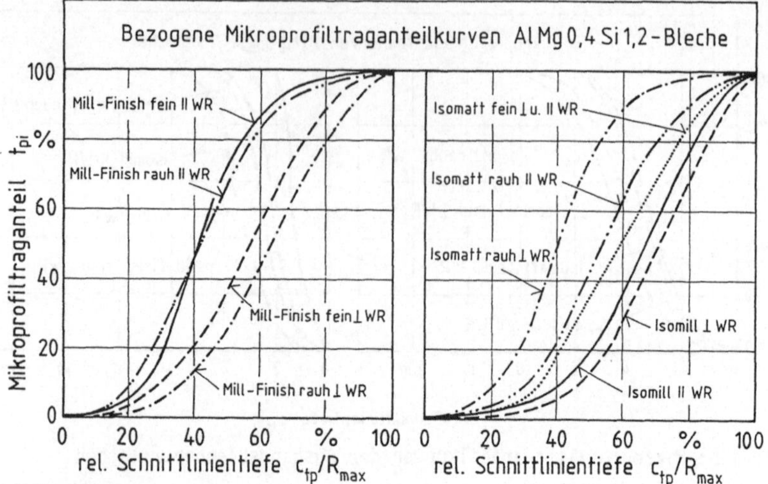

Bild 16b: Bezogene Mikroprofiltraganteilkurven der Blechoberflächen im Ausgangszustand.

3.2.2.3 Bestimmung des Mikroflächentraganteils t_a bei Feinblechen

Unter den zahlreichen und hinlänglich bekannten Nachteilen /52/ bei der Erfassung der Oberflächentopographie mittels Tastschnittverfahren erscheint vor allem die gezwungenermaßen linienhafte, vertikale Betrachtungsweise als einschneidende Eigenschaft, da besonders in den horizontalen Gleitflächen die entscheidenden tribologischen Prozesse, wie Einglättung usw., ablaufen. Mit meßtechnisch aufwendigen Methoden läßt sich zwar durch Aneinanderreihen von einzelnen Profilschrieben ein dreidimensionales Bild generieren, eine unmittelbare quantitative Aussage über die Ausbildung der Gleitflächen liegt dann jedoch noch nicht vor.

Aus einfachen Überlegungen und aus einer Analogie zur Lager- und Dichtungstechnik wurde daher die Messung des Mikroflächentraganteils t_a vorgenommen /53/. Der Mikroflächentraganteil t_a ist in Anlehnung an DIN 4765 /54/ das in Prozent ausgedrückte Verhältnis der Summe aller tragenden Mikroflächen A_{ri} zum betrachteten Mikrobezugsbereich A_a (Bild 17). Dadurch lassen sich die Ausbildung und Häufigkeitsverteilung der Mikrogleitflächen im Anfangszustand und in Abhängigkeit von der Flächenpressung oder auch anderen Parametern unmittelbar in den Mittelpunkt der tribologischen Betrachtungen bringen. Modellversuche wie z.B. das Streifenziehen eignen sich dabei zur definierten Einleitung einer tribologischen Beanspruchung.

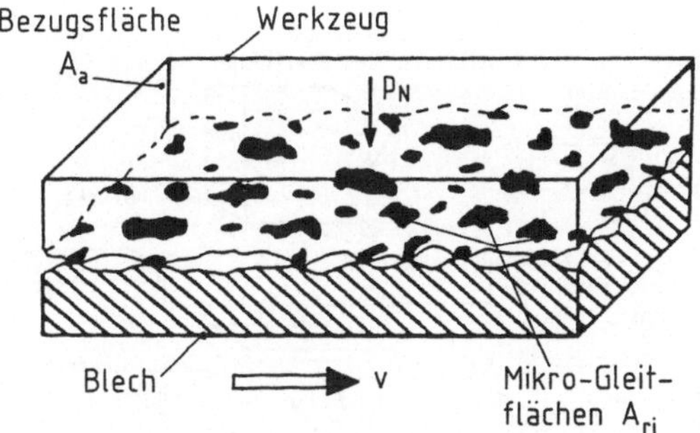

$$\text{Flächentraganteil } f(p_N): t_a = (\Sigma A_{ri} / A_a) \cdot 100$$

Bild 17: Definition des Mikroflächentraganteils.

In Anlehnung an die VDI/VDE-Richtlinie 2603 /53/ wurde eine Tuschiermethode erarbeitet, um den nötigen Farbkontrast für das vom Institut für Physikalische Elektronik der Universität Stuttgart zur Verfügung gestellte Bildverarbeitungssystem IPS (Image Processing System) der Firma Kontron, München, herzustellen. Nach umfangreichen Untersuchungen bzgl. der Kontrastschärfe und der Reproduzierbarkeit stellte sich eine spezielle Mischung einer Tuschierpaste als anforderungsgerecht heraus. Ein Oberflächenausschnitt wird dabei mit dem Kontrastmittel tuschiert, wodurch sich die Substanz in den Rauheitsvertiefungen absetzt; die tribologisch bedeutenden, d.h. die tragenden Mikroflächen sind frei von Kontrastmittel. In der weiteren Vorgehensweise bieten sich nun zwei Möglichkeiten an: Zum einen, die so präparierte Blechprobe direkt unter die Kamera der Bildanalyseanlage im Auflicht zu legen oder zum anderen, durch eine Aufnahme der Kontrastgrenzen der Blechprobe im Schwarz-Weiß-Negativ mit anschließender Bildanalyse im Durchlichtverfahren. Aus versuchstechnischen Gründen mußte der zweite Weg (Bild 18) beschritten werden. Zur Überprüfung der Meßsicherheit wurde neben der Bildanalyse der Flächentraganteil nach verschiedenen Planimetrierverfahren bestimmt. Dabei ergab sich eine Übereinstimmung in einem Streubereich von ± 6 %, was als zufriedenstellend zu bezeichnen ist.

Auf der Bildanalyseanlage war das interaktiv benutzbare Programmsystem IBAS installiert. Der digitale Graubildspeicher besaß eine Kapazität von 2MByte. Damit konnten 7 Grauwertbilder von je 256 kByte (512 x 512 Bildpunkte) sowie 7 Overlays gespeichert werden. Dies ermöglichte bei einer direkten Aufnahme der eintuschierten Blechoberfläche die Unterscheidung von insgesamt 256 Graustufen. Der vorgewählte Probenausschnitt wurde mit einer

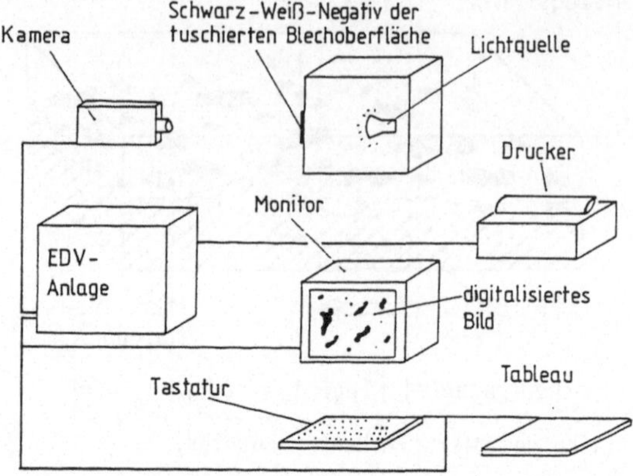

Bild 18: Meßanordnung zur Bestimmung des Mikroflächentraganteils im Durchlichtverfahren mit Hilfe eines Bildanalysesystems.

Kamera aufgenommen und vom Rechner in Bildpunkte digitalisert. Um reproduzierbare Ergebnisse zu erhalten, mußten die Lichtverhältnisse konstant und gleichmäßig gehalten werden, da sonst Schwankungen in den Meßergebnissen auftraten. Das Programmlisting enthielt eine Zusammenstellung von Grauwertpegel, integralem Flächentraganteil und der Anzahl einzelner zusammenhängender Mikrotragflächen eines bestimmten Flächenbereichs (Häufigkeitsverteilung) in Histogrammform. Ein Nachteil dieses indirekten Verfahrens bestand in der Auflösung bzw. am Informationsverlust bei der Übertragung des Bildes der tuschierten Blechoberfläche auf ein Schwarz-Weiß-Negativ durch Abgreifen oder Abfotografieren. Dies stand in engem Zusammenhang mit der Wahl der Vergrößerungsstufe und damit der Wahl des Bezugsflächenausschnittes.

Bei 180-facher Vergrößerung ließ sich im vorliegenden Rauheits- und Strukturspektrum die beste Reproduzierbarkeit der Meßergebnisse realisieren. Je feiner dabei die Oberflächenmikrogeometrie gegliedert war, desto schlechter wurde die Reproduzierbarkeit. Als übergeordneter Nachteil des Tuschierverfahrens in Verbindung mit dem Bildanalysesystem erschien allerdings die Reproduzierbarkeit bei der Auftragung des Kontrastmittels. Umfangreiche Voruntersuchungen waren notwendig, um Geometrie und Werkstoff des Tuschierlineals sowie Anstellwinkel und Anpreßkraft zu ermitteln. Um dieser Problematik auszuweichen, wurden in einer weitergehenden Arbeit optische Verfahren auf ihre Anwendbarkeit hin überprüft /55/.

In der Anlage A9 sind die Schwarz-Weiß-Negative der Oberflächen wiedergegeben. Die jeweils linken Bildreihen (Flächenpressung $p_N = 0$) zeigen die Ausgangsoberflächen. Blechoberflächen hergestellt mit geschliffenen Walzenpaaren wiesen schon anfänglich die höchsten Flächentraganteile auf, verursacht durch die langgezogenen Rauheitshöhenrücken. Die Oberfläche Erodiert besaß den kleinsten Anfangsflächentraganteil. Eine höhere Anzahl einzelner Mikrotragflächen gleicher Abmessungen, was als Maß für die Gleichmäßigkeit einer Oberfläche anzusehen ist, zeigten die Oberflächen Gestrahlt fein, Lasertex und Erodiert bei den AlMg 5 Mn-Qualitäten sowie Isomill und Isomatt fein bei den AlMg 0,4 Si 1,2-Qualitäten.

Beim Umformen ändern sich die geometrischen, physikalischen und chemischen Eigenschaften der Blechoberfläche. Zieht man als ordnendes Merkmal die mikrogeometrische Veränderung der Oberfläche heran, so kann zwischen freier und gebundener Oberflächenwandlung (Bild 19) unterschieden werden /13/. Durch freie Umformung können sich die Oberflächen ohne Kontakt zu einer Werkzeugoberfläche verändern. Gebundene Umformung liegt dann vor, wenn von einer Werkzeugoberfläche Druck- und Schubkräfte auf das Werkstück ausgeübt werden. Vor allem in der Blechumformung tritt gleichzeitig oder abwechselnd freies und/oder gebundenes Umformen auf. Um systematisch vorzugehen, soll zunächst der einfachere Fall, das freie Umformen besprochen werden. Die gebundene Umformung, die das Vorhandensein eines tribologischen Systems als Vorraussetzung hat, wird in Kapitel 5 behandelt.

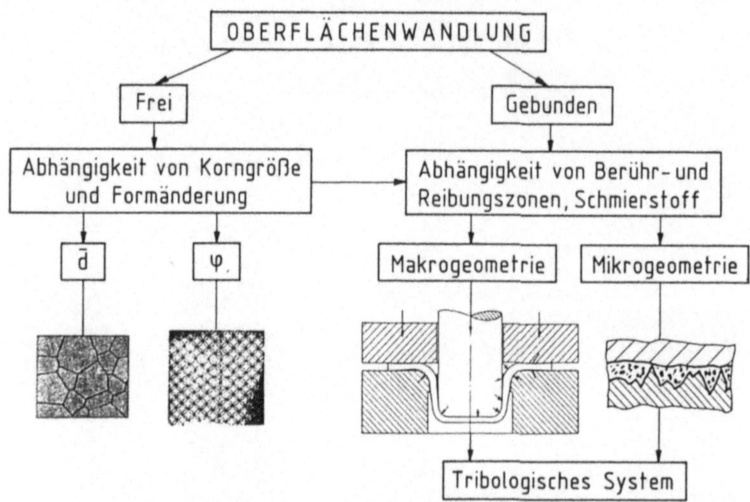

Bild 19: Oberflächenwandlung beim Umformen.

Bei der freien Oberflächenwandlung wird von verschiedenen Autoren /13, 15, 16, 56, 57/ der Einfluß von Korngröße und Formänderung deutlich herausgestellt. Als maßgeblich für die Rauheitsänderung anfänglich glatter Oberflächen werden zwei Mechanismen angesehen, die gleichzeitig ablaufen und sich in ihren Auswirkungen überlagern. Ein Vorgang ist die Verformung der einzelnen Körner, die im statistischen Mittel die gleiche Formänderung wie der Gesamtkörper erfahren, der zweite Vorgang beruht auf Gleitvorgängen in den Körnern (Kristalliten), d.h. Gleitungen entlang bestimmter Gleitebenen in bestimmten Gleitrichtungen. Vor allem beim Werkstoff Aluminium und seinen Legierungen kommt der zweitgenannte Mechanismus deutlicher zum Tragen, wodurch eine Tendenz zu groben Gleitstufen infolge starker Bevorzugung von Einfachgleitungen beobachtet werden kann. Damit kann der wesentliche Beitrag zur Rauheitsänderung von Gleitvorgängen in den Körnern ausgehen /34/.

4.1 RAUHEITSÄNDERUNG IN ABHÄNGIGKEIT VOM FORMÄNDERUNGSZUSTAND

Anhand verschiedener Modellversuche (vgl. Abschnitt 3.1) und gezielter Probenentnahme wurde in erster Linie der Einfluß vom Formänderungszustand auf die Rauheitsänderung der einzelnen Oberflächen ermittelt.

Stufenzugversuch

In Bild 20 sind die Regressionsgeraden für die gemittelte Rauhtiefe R_z und für die gemittelte Glättungstiefe R_{pm} wie von Dannenmann /16/ empfohlen über dem maximalen Umformgrad $|\varphi_{max}|$ eingetragen. Der Formänderungszustand wurde für den einzelnen Meßpunkt mittels Formänderungsanalyse bestimmt. Beim Stufenzugversuch tritt ein dreiachsiger Formänderungszustand auf, mit der die größten Hauptformänderungen in Zug-Richtung dominieren. Die unterschiedlichen Steigungen der Regressionsgeraden deuten auf den Einfluß der Korngröße hin. Beim Vergleich der AlMg 5 Mn-Oberflächen Geschliffen fein (mittlere Korngröße $\bar{d}$ = 17 µm) mit der AlMg 0,4 Si 1,2-Oberfläche Millfinish fein ($\bar{d}$ = 38 µm) ist mit ca. doppeltem Korndurchmesser auch eine etwa doppelt so große Steigung verbunden, was auch Kienzle und Mietzner sowie Reihle u.a. /13, 15, 57/ bereits beobachteten.

Aus Bild 20 läßt sich ferner feststellen, daß eine höhere Anfangsrauheit eine niedrigere Rauheitszunahme nach sich führt. Diese Erkenntnis steht im Einklang mit anderen Untersuchungen /35, 58, 59, 60/.

Weiterhin läßt sich aus Bild 20 ableiten, daß sich für alle Werkstoffe R_{pm} und R_z in Abhängigkeit vom Umformgrad im gleichen Verhältnis $R_{pm}/R_z = \lambda_p$ = const. ändern, so daß der Charakter der Oberfläche erhalten bleibt. Diese Entwicklung konnte auch Mössle /35/ aus seinen Untersuchungen ablesen.

Stichprobenartige Versuche lieferten darüber hinaus Hinweise dafür, daß die gemittelte Rauhtiefe R_z beim Dehnen senkrecht zur Walzrichtung etwas größere Maßzahlen lieferte als im Falle einer Dehnung parallel zur Walzrichtung. Bei rauheren Oberflächen läßt sich eine solche Tendenz allerdings nicht mehr ausmachen, was auch Wollrab u.a. /59/ feststellten.

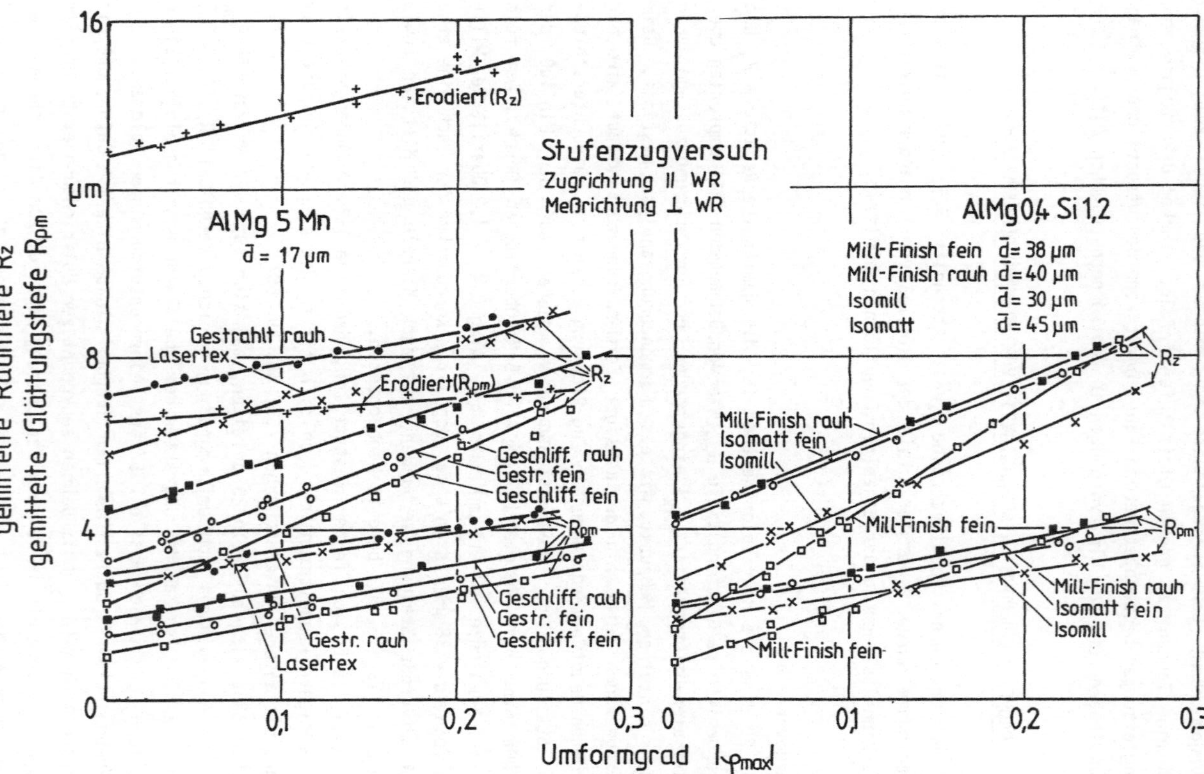

Bild 20: Freie Oberflächenwandlung beim Stufenzugversuch in Abhängigkeit vom Umformgrad (d̄: mittl. Korndurchm.).

Variation der Formänderungskombinationen

Nach Hinweisen von Wollrab u.a. /59/ hat nicht nur die maximale Formänderung, sondern auch die Art der Formänderungskombination im Blech einen Einfluß auf die Oberflächenwandlung. Dies ist auf die Mechanismen der Rauheitsänderung zurückzuführen, die nach Akeret /34/ für den jeweiligen Spannungs- bzw. Formänderungszustand unterschiedlich sein können.

Durch die Aufnahme einer Rauheits- und Formänderungsanalyse aus der Versuchsmethode zur Aufbringung verschiedener Formänderungszustände nach Hasek /41/ (vgl. Bild 5) bzw. aus tiefgezogenen Näpfen mit halbkugelförmigen Böden an Stellen freier Oberflächenwandlung konnte für die einzelnen Oberflächen Bild 21 zusammengestellt werden.

Allgemein ersichtlich läßt sich für alle Oberflächen eine höhere Rauheitszunahme im Zug-Druck-Gebiet (Dehnung und Stauchung) gegenüber dem Zug-Zug-Gebiet (zweiachsiges Dehnen) feststellen. Von einer linearen Rauheitszunahme bei zunehmender Formänderung φ kann auch durch das Heranziehen des Vergleichsformänderungsgrades nicht mehr gesprochen werden. Dies deutete sich schon im Stufenzugversuch (Bild 20) an, bei dem in der Auswertung bemerkt wurde, daß der Regressionskoeffizient bei Formänderungen $|\varphi_{max} < 0,1$ kleiner wurde (unter 90 %).

Gerichtete Oberflächen (Geschliffen, Mill-finish) und Oberflächen mit kleinerer Ausgangsrauheit (Isomill, Rauheitsgrade "fein") erfahren eine deutlichere Aufrauhung mit zunehmender Formänderung. Auch kann bei verschiedenen Oberflächen im Formänderungsbereich $\varphi_2 = 0$ (Geschliffen fein, Gestrahlt, rauh usw.) die kleinere Rauheitsänderung abgelesen werden, obwohl bei den AlMg 5 Mn-Blechen in diesem Fall die Fließfiguren vom Typ B am deutlichsten zum Vorschein kamen. Bei zweiachsiger Beanspruchung ist die Neigung zur Fließfigurenbildung geringer. Dies ist ein Zeichen dafür, daß die Aufrauhung hauptsächlich durch die Kornverformung und durch das Aufplatzen der Oxidschicht bestimmt wurde. Auf letzteres wird noch näher eingegangen werden.

Auffallend ist, daß bei rauheren Ausgangsoberflächen und bei quasi-isotropen Qualitäten eine im untersuchten Formänderungsbereich relativ gleichmäßige Aufrauhung hervortrat. Die sehr rauhe Oberfläche Erodiert zeigte bei verschiedenen Formänderungszuständen kaum Unterschiede in den R_z-Maßzahlen.

Anhand ausgewählter REM-Aufnahmen wird im folgenden die Veränderung der Oberflächen näher besprochen. Bild 22 zeigt verschiedene Oberflächen bei der Formänderungskombination ($\varphi_1 = 0,15/\varphi_2 = 0$), welche durch die entsprechen-

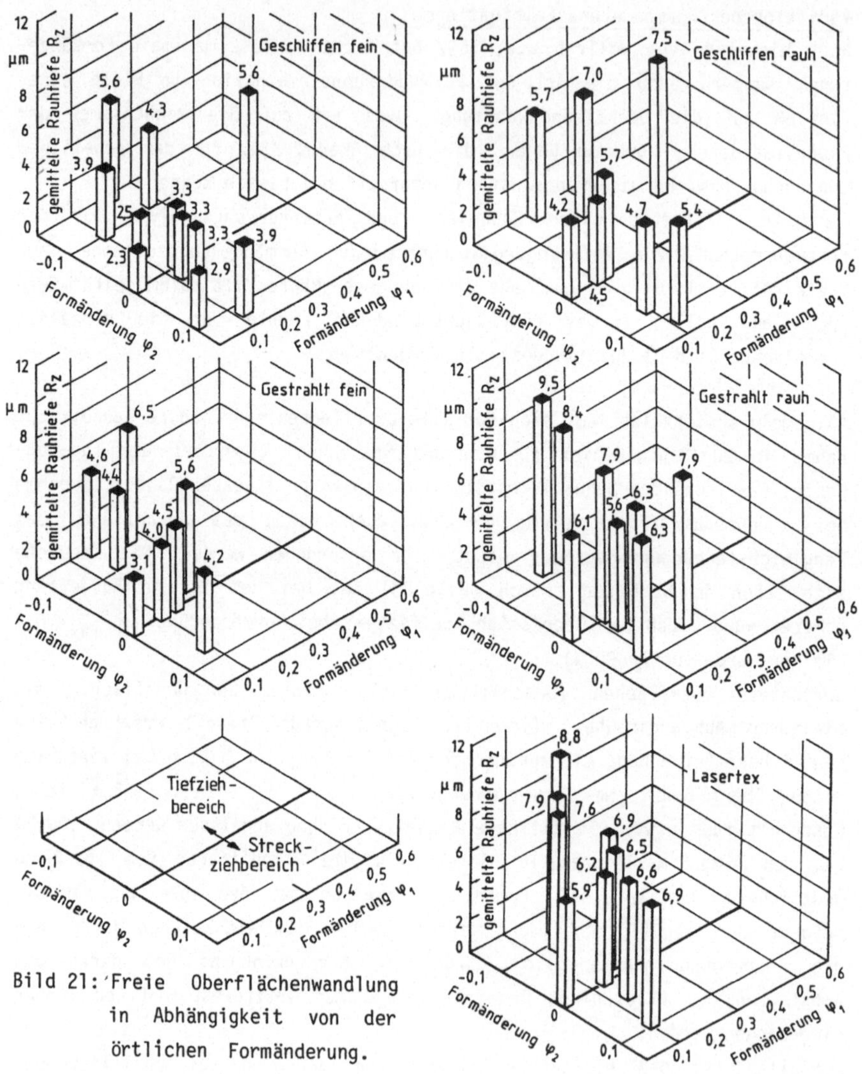

Bild 21: Freie Oberflächenwandlung in Abhängigkeit von der örtlichen Formänderung.

de Probengeometrie (vgl. Bild 5) erreicht wurde. Neben den verschiedenen Gleitvorgängen (Gleiten entlang bestimmter Gleitebenen, Kornverformungen) kann auch das Aufplatzen der Oxidschicht für die Rauheitszunahme verantwortlich gemacht werden. Das Auflösungsvermögen der Tastschnittmessung reicht offensichtlich nicht mehr aus, um diese Rißtiefen vollständig aufzunehmen.

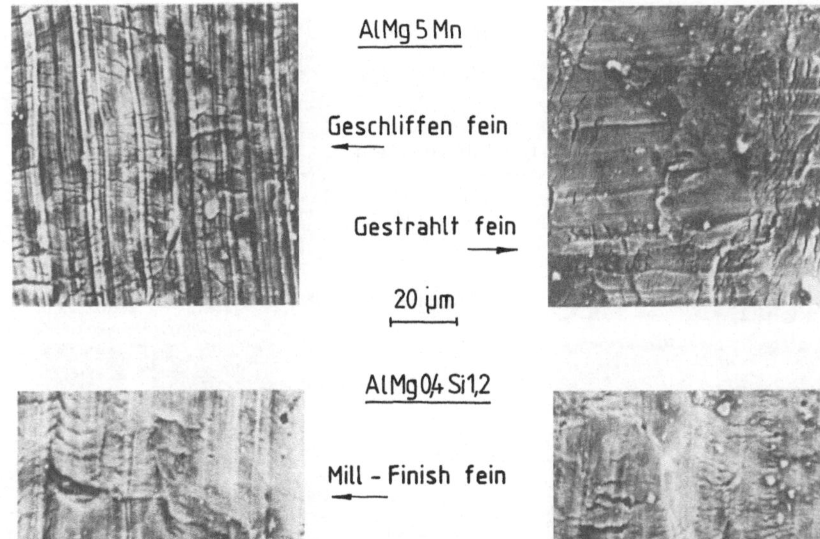

Bild 22: REM-Aufnahmen ausgewählter Oberflächen: gleichmäßiger, einachsiger Zug (Probengeomtrie nach Hasek: Bild 5, Nr. 2); Formänderung $\varphi_1 \approx 0,15 / \varphi_2 = 0$.

Der Wellencharakter in Walzrichtung ist die Folge von Kornverformungsvorgängen. Beim Streckziehen (Bild 23, Formänderungskombination $(\varphi_1 \approx \varphi_2 \approx 0,1)$) tritt dieser Mechanismus verstärkt auf. Vermutlich kann damit eine, gegenüber der Formänderungskombination ($\varphi_1 \neq 0 / \varphi_2 = 0$) größere Rauheitszunahme, erklärt werden.

Ferner läßt sich eine Verstärkung des Wellencharakters erkennen. Dies beruht auf den beim Walzen entstandenen Scherbändern, in denen sich die Verformungen vorzugsweise konzentrieren /34, 61, 62/.

Ebenso auffallend bei Streckziehbeanspruchungen sind die zahlreichen ungerichteten Risse, die durch das Aufplatzen der Oxidschicht entstehen. Dabei tritt Grundwerkstoff an die Oberfläche und bildet frische Oxidschichten. Vereinzelt gehen die Risse strahlenförmig von einem Punkt aus, was auf Heterogenitäten in der Oxidschicht schließen läßt /61, 62/. Weiterhin erkennbar ist das Hervortreten von Körnern. Die Rauheitsänderung erfolgt im

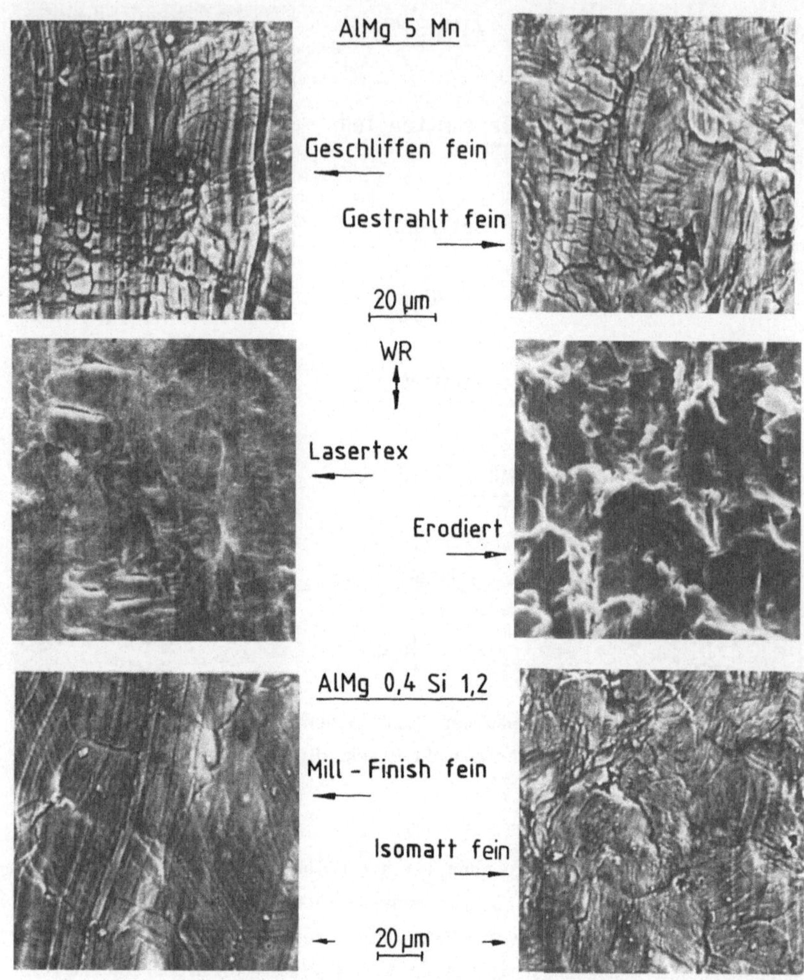

Bild 23: REM-Aufnahmen ausgewählter Oberflächen: Streckziehen (Probengeometrie nach Hasek: Bild 5, Nr. 1), Formänderung $\varphi_1 = \varphi_2 \approx 0{,}13$.

wesentlichen durch Kornverformungen. Gleitstufen können z.B. in Bild 23 für Geschliffen fein oder Mill-Finish fein gut erkannt werden.

Die Oberflächen der AlMg 0,4 Si 1,2-Bleche erscheinen nach der Streckziehbe-anspruchung auf den ersten Blick ebener oder gleichmäßiger als die Oberflächen der AlMg 5 Mn-Bleche. Dies liegt vermutlich an der anderen Legierungszusammensetzung und damit auch an der anderen Duktilität der

Oxidschicht, was wiederum dazu führt, daß die Oxidschicht an weniger Stellen aufreißt. Es kann ferner angenommen werden, daß die Oxidschicht der AlMg 0,4 Si 1,2-Bleche vornehmlich entlang den Korngrenzen aufplatzt (z.B. Mill-Finish, s. Bild 23). Darauf deuten auch die Gleitlinien hin, die jeweils am Riß enden und im Nachbarfeld eine andere Richtung einnehmen. Die Aufrauhung durch Kornverformung (wie z.B. in Bild 23 ersichtlich) kann als Vorstufe der ungerichteten Orangenhaut gedeutet werden. Allgemein kommt es bei den vorliegenden globulitischen Rekristallisationskörnern anfänglich meist zu einer der Korngröße entsprechenden Orangenhaut, bei weiterer Verformung zu Gleitlinien /61, 62/. Die Gleitlinien innerhalb der Körner bilden mit der Walzrichtung einen Winkel von 45°. Eine Verbindung mehrerer Gleitlinien über die Korngrenzen hinweg zu einem Gleitband ist nicht möglich, was auch Akeret /34/ feststellte.

Die REM-Aufnahmen von unter Zug-Druck-Beanspruchung umgeformter Oberflächen (Bild 24) zeigen keine Risse in der Oxidhaut, ebenso sind Gleitlinien und Gleitstufen kaum auszumachen. Es entstehen sogar teilweise Überlappungen (Bild 24, Gestrahlt rauh, Isomatt fein), welche für die hohen Rauheitszunahmen mitverantwortlich gemacht werden können. Der Wellencharakter der Oberflächen in Walzrichtung, der in unterschiedlicher Deutlichkeit auftritt, wird durch die sogenannte Ziehparabelbildung hervorgerufen. Beim Tiefziehvorgang bilden sich dabei annähernd gleichmäßige streifenförmige Vertiefungen parallel zur Walzrichtung. Der feinkörnigere Werkstoff AlMg 5 Mn mit eher zeiligem Gefüge zeigt diese Erscheinung deutlicher. Nebeneinander liegende Gefügezeilen sind in sich oder nebeneinander unterschiedlich verformbar, und infolge der Zug-Druck-Beanspruchung beim Tiefziehen entstehen daraus die parabelförmigen, wulstförmigen Oberflächenzeichnungen /46/.

Ergänzende Untersuchungen zum Biegen (Bild 25) zeigen einen aus den vorhergegangenen Ausführungen zusammensetzbaren Mechanismus. Auf der Außenfaser entstehen Erscheinungen, die dem einachsigen Zug nahe kommen. Auf der Innenfaser entsteht dagegen eine mit kleiner werdendem Radius zunehmende Aufrauhung durch Aufstauchungen.

Zusammenfassend kann festgehalten werden, daß rauhere Oberflächen eine freie Aufrauhung, herrührend von den beim Ziehen üblichen Formänderungen, in ihrer Rauheitstopographie weniger merklich aufnehmen können, da die Korn- und Randschichtverformungen in einer der Blechrauheit vergleichbaren Größenordnung ablaufen.

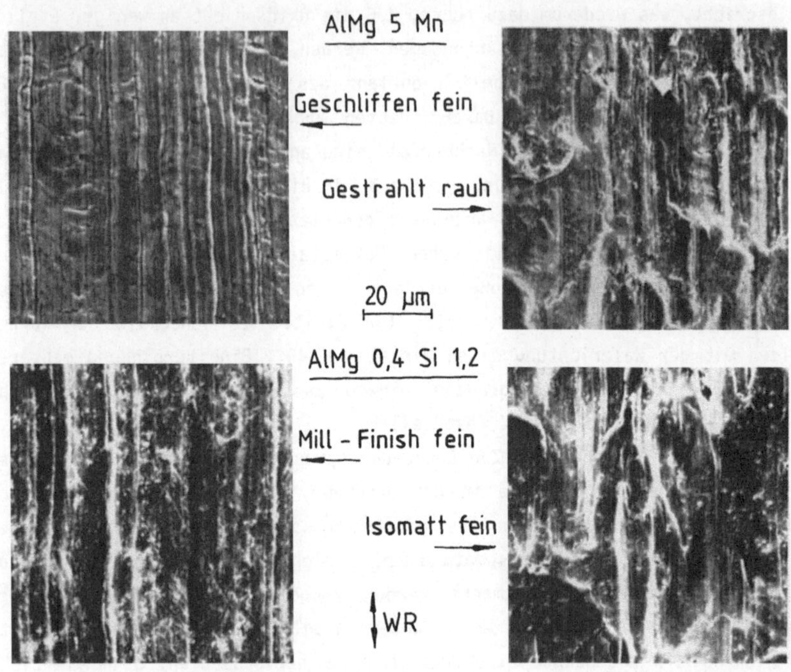

Bild 24: REM-Aufnahmen ausgewählter Oberflächen: Tiefziehen, Probenentnahme am Übergang Zarge/Stempelradius bei freier Oberflächenwandlung, Formänderung $\varphi_1 = 0,2$ / $\varphi_2 = -0,15$.

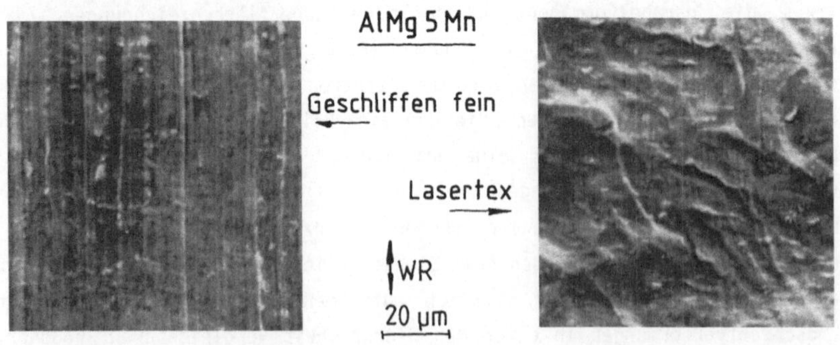

Bild 25: REM-Aufnahmen ausgewählter Oberflächen: Biegen, Radiusinnenseite ($r_Z = 6,3$ mm), freie (mit Folie) Oberflächenwandlung, Biegeformänderung $\varphi_b = -0,1$.

4.2 ÄNDERUNG DER CHEMISCHEN ZUSAMMENSETZUNG DER OBERFLÄCHENRANDSCHICHT

Die Dicke der Oxidschicht (Bild 26) variiert je nach Legierungszusammensetzung, Walz- und Glühtemperatur sowie Auslagerungsbedingung. Sowohl die gelösten Atome als auch die im Grundgefüge eingebetteten Heterogenitäten haben einen erhöhten Einfluß auf die Zusammensetzung der Oxidhaut, da diese in das Grundmetall hineinwachsen.

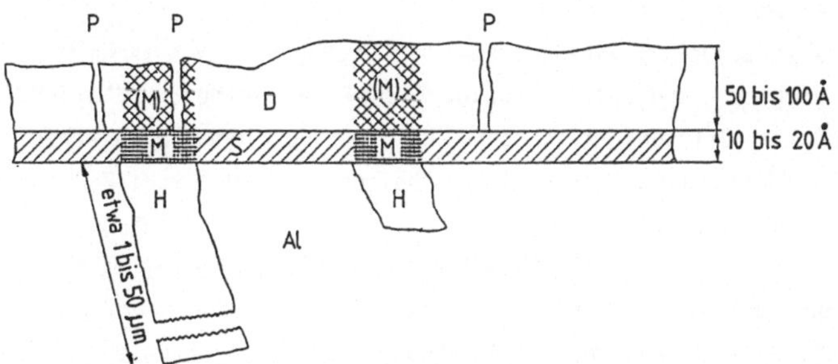

Bild 26: Schematischer Aufbau einer natürlichen Oxidschicht auf Aluminiumlegierungen; Al Grundmetall, S Sperrschicht (Grundschicht), D Deckschicht, P Poren, H Heterogenitäten im Grundmetall, M Mischoxid /44/.

Daher weist die Oxidschicht allgemein im Bereich einer Heterogenität in ihrer ganzen Dicke eine anomale Zusammensetzung auf. Beim Glühen diffundieren Magnesium-Atome schneller durch die Sperrschicht als Aluminium-Atome, was eine Magnesiumanreicherung im oberen Teil der Oxidschicht bewirkt. Die oberste Schicht besteht deshalb meist aus Magnesiumoxid MgO sowie einer Spinellschicht ($Mg_xAl_yO_z$) und Aluminiumoxid Al_2O_3. Wenn der Anteil des Magnesiumoxids in der Oxidschicht hoch genug ist, wird die Schicht so stark aufgelockert, daß Sauerstoff und Wasserstoff bis zu einer gewissen Tiefe in die Oxidschicht eindringen können, und daß dadurch die selbsthemmende Wirkung des Wachstums der Deckschicht aufgehoben wird. Magnesium begünstigt bei langer Glühung das Schichtenwachstum, da es Fehlstellen - insbesondere Leerstellen - in der wachsenden Oxidschicht hervorruft /44/. Nach /63/ beträgt der absolute Mg-Anteil in der Oxidschicht bei AlMg 5 Mn-Legierungen 3,8-4,5 %. Der Mg-Anteil in der Oxidschicht der AlMg 0,4 Si 1,2-Legierung ist fünfmal kleiner als der der AlMg 5 Mn-Legierung. Dies begründet auch die in der Praxis beobachtete etwas höhere Korrosionsneigung der AlMg 5 Mn-Legierung.

Zur Bestimmung der chemischen Zusammensetzung der Randschichten wurde die

Auger-Elektronen-Spektroskopie (AES) in Verbindung mit Ionensputtern, d.h. kontinuierliche Abtragung einer Oberflächenrandschicht durch Beschuß mit Edelgasionen bei gleichzeitig ablaufender AES-Analyse durchgeführt. Die Elementverteilung kann damit abhängig von der Probentiefe verfolgt werden. Der analysierte Probenbereich betrug 0,5 mm². Repräsentativ für die anderen Oberflächen wird nachfolgend für jede Legierung eine Oberflächenqualität diskutiert, da kein nennenswerter Unterschied bzgl. der Oberflächenvarianten feststellbar war.

Bild 27 zeigt zunächst entsprechend den Ergebnissen von McNamara /63/ die deutlich dickere Randschicht (Oxidschicht) der AlMg 5 Mn-Legierung. Der obere Teil der Oxidschicht besteht bei den vorliegenden Blechen aus MgO gefolgt von einer Spinellschicht, die bei den AlMg 0,4 Si 1,2-Blechen einen kleineren Anteil aufweist. Der Anstieg der Sauerstoffkonzentration bis zu einer Tiefe von ca. 300 Å (0,03 µm) bei den tiefgezogenen AlMg 5 Mn-Proben ist offenbar auf eine Kontaminationsschicht zurückzuführen, die sich aus Oxidschichtüberlappungen (vgl. REM-Aufnahmen Bild 25), Schmierstoffrückstände und Verunreinigungen, die im Tiefenprofil nicht berücksichtigt wurden,

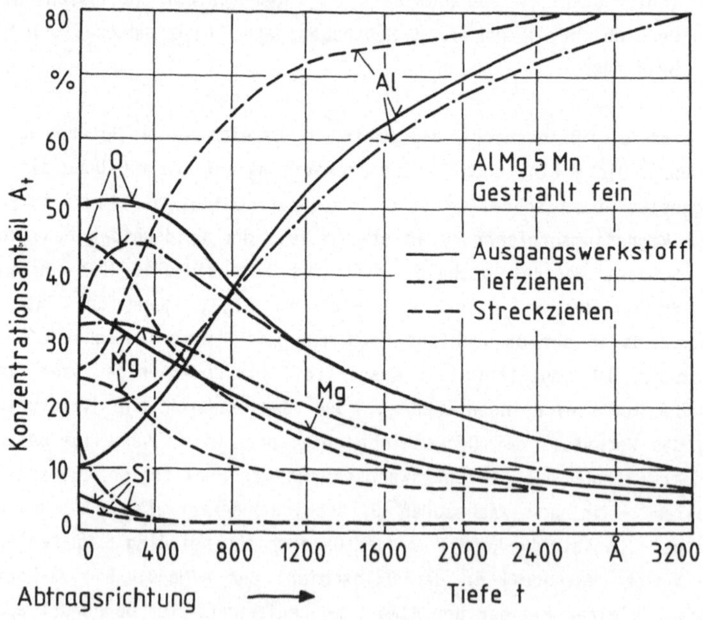

Bild 27a: Chemische Zusammensetzung der Randschicht (Auger-Analyse) im Ausgangszustand und im umgeformten Zustand (Tiefziehen, Streckziehen bei annähernd gleichem Vergleichsumformgrad φ_v, AlMg 5 Mn).

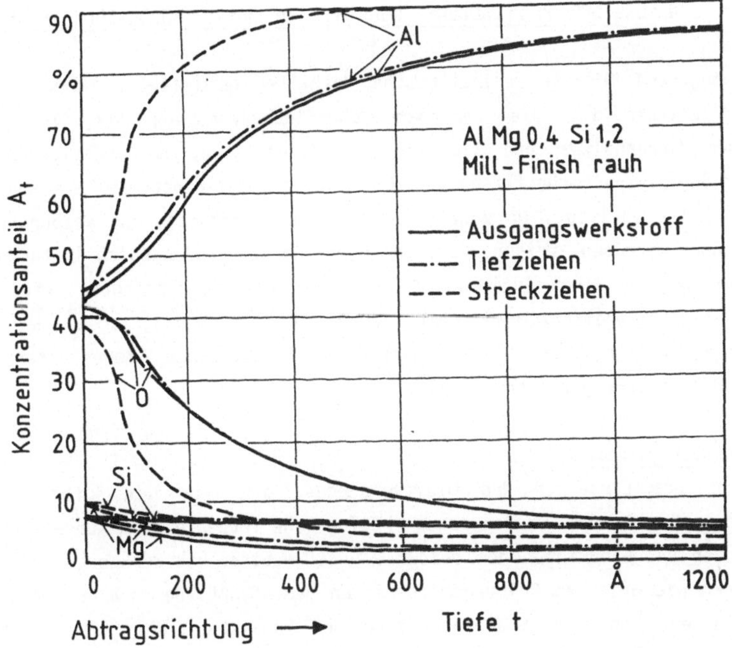

Bild 27b: Chemische Zusammensetzung der Randschicht (Auger-Analyse) im Ausgangszustand und im umgeformten Zustand (Tiefziehen, Streckziehen bei annähernd gleichem Vergleichsumformgrad, AlMg 0,4 Si 1,2).

gebildet hat. Die beim Streckziehen verzeichnete deutliche Zunahme der Aluminiumkonzentration bei gleichzeitiger Abnahme des Sauerstoffanteils ist auf die Bildung der Risse (Bild 23), d.h. auf die Entstehung neuer und dünnerer Oxidschichten zurückzuführen. Dies wurde auch durch eine hohe Kohlenstoffkonzentration bestätigt, die vom Schmierstoff herrührt, der sich trotz Reinigung der Proben in den Rissen sammelte oder auch durch chemische Reaktionen unmittelbar dort gebunden wurde.

Da beim Streckziehen die Oberflächenvergrößerung auf Kosten der Blechdicke geht, müssen zwangsläufig neue Oxidschichten entstehen. Beim Tiefziehen erfolgt eher eine Zunahme der Blechdicke und damit einhergehend ein Zusammenschieben der Oxidschichten, was durch die o.a. Untersuchungen vollkommen bestätigt wurde.

Ausschlaggebend für das tribologische Verhalten beim Tief-, Streck- oder Karosserieziehen ist die gebundene Oberflächenwandlung /12, 16/, die zwischen Niederhalter und Ziehring, an Ziehleisten, am Ziehringradius, entlang der Stempelberührfläche und beim Ziehen mit Gegenstempel entlang des Stempelkopfes vorliegt. Um zunächst nur das Einglättungs- und Reibungsverhalten ohne mikrogeometrische Veränderungen, hervorgerufen durch Kontaktnormalspannungen im Blech (vgl. Kapitel 4, Bild 19), zu betrachten, wird der Modellversuch Streifenziehen (vgl. Abschnitt 5.1) herangezogen, der das tribologische Verhalten in der Wirkfuge z.B. zwischen Niederhalter und Ziehring sehr vereinfachend simuliert.

Reibungsmechanismen

Noch vor dem Einsetzen des Gleitvorganges, d.h. vor dem Aufbau eines tribologischen Systems werden durch rheologische Vorgänge beim Aufsetzen der Ziehbacken und Eindringen der beiden Rauheitsgebirge von Werkzeugoberfläche und Blech die weiteren Reibungsmechanismen beeinflußt. Je nach Aufsetz- und Verweildauer, Höhe der Flächenpressung und Konsistenz des Schmierstoffes geschieht die Überwindung der Haftreibung, bei der bereits erste Abriebpartikel durch Mikrozerspanung beim Abscheren von Rauhgipfeln erzeugt werden /30, 64, 65/.

Dabei wurde angenommen, daß - vergleichbar mit der Praxis - die Rauheit der Werkzeugoberfläche deutlich geringer als die der Blechoberfläche ist.

Mit dem Einsetzen des Gleitvorganges treten die unterschiedlichsten tribologischen Wirkmechanismen auf (Bild 28). Die beeinflussenden Faktoren lassen sich in physikalische bzw. mechanische (z.B. Flächenpressung, Ziehgeschwindigkeit, Ziehweg, Temperaturentwicklung, Festigkeit der Randschichten), in chemische (z.B. Konsistenz und Menge des Schmierstoffs, chemische Beschaffenheit und chemische Affinität der Randschichten, Benetzbarkeit) und in geometrische (Rauheit, Topographie) Parameter einteilen /17/.

Eine integrale Erfassung der ablaufenden Wechselwirkung geschieht durch die Reibzahl. Die Reibzahl selbst läßt sich anschaulich in verschiedene Teilreibzahlen bei verschiedenen Teilreibungszuständen aufgliedern /12, 67/.

Flüssigkeitsreibung

Nach Einsetzen des Gleitreibungsvorganges kann sich einem im Schmierstoff bereits gebildeten hydrostatischen ein hydrodynamischer Druckaufbau überlagern. Die vom Werkzeug her wirkende Normalkraft wird über den Schmierstoff auf die Blechoberfläche übertragen; dadurch entstehen Scherspannungen im Schmierstoff, die sich in einem Flüssigkeitsreibungsanteil mit der Reibzahl μ_s an der Gesamtreibung äußern /68/.

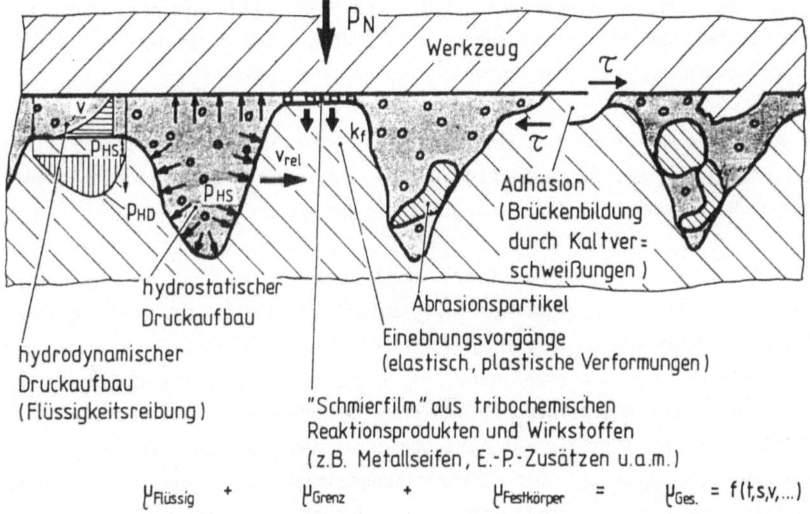

Bild 28: Reibungsmechanismen, wobei die Blechrauheit als wesentlich größer gegenüber der Werkzeugrauheit angenommen wurde.

Grenzreibung

Wird der Schmierfilm stark zusammengequetscht, entstehen tribochemische Reaktionsprodukte wie z.B. Metallseifen und Polymerschichten, die zusammen mit dem Schmierstoff ggf. beigemengten Hochdruckzusätzen einen Grenzschmierfilm bilden. Metallischer Kontakt wird gerade noch verhindert /32/. Im weiteren kommt es beim Erreichen der Fließspannung der Randschicht zu Einglättungen und Verschiebungen. Diese Reibungssituation wird als "Grenzreibung" bezeichnet.
Das gleichzeitige Auftreten von überwiegend Flüssigkeits- und Grenzreibungsanteilen wird Mischreibung genannt /12/.

Festkörperreibung

Bricht schließlich der Grenzschmierfilm zusammen und kommen die beiden Metalloberflächen in atomistische Entfernung, entstehen Kaltverschweißungen, die auch als Anfressungen oder Metallbrücken bezeichnet werden. Die entstandenen Metallbrücken werden entweder nach der Erschöpfung ihres Formänderungsvermögens abgerissen, was in der Regel nicht an der Stelle der vorausgegangenen Verschweißung geschieht und sich in einem Werkstoffübertrag äußert, oder die Verschweißungen werden nach und nach beidseitig abgeschert, wodurch weitere Abriebpartikel entstehen /29, 69/. Füllen sich die Profilvertiefungen mit Abrasionspartikeln oder geraten diese in Grenzreibzonen, so werden weitere Adhäsionserscheinungen initialisiert.

Die Summe der geschilderten Reibungsanteile, die zeitlich gleichzeitig und unterschiedlich intensiv auftreten können, ergibt die während des Ziehvorgangs nicht konstante Gesamtreibung mit der Reibzahl μ_{Ges}.

Zur Verhinderung von Werkstoffübertragung beim Gleitreibungsvorgang sollte in erster Linie der Festkörperreibungsanteil vermieden, zumindest gesenkt werden, um damit einen ausgeprägten Mischreibungszustand (Grenzreibung und Flüssigkeitsreibung) zu erreichen. Die Wirkung des Flüssigkeitsreibungsanteiles läßt sich entscheidend nur durch eine Erhöhung der Ziehgeschwindigkeit oder der Schmierstoffviskosität steigern; dem sind aber fertigungstechnische Grenzen gesetzt. Der Grenzreibungsanteil ist durch entsprechend günstigere Oberflächenmikrostrukturen optimierbar.

Anforderungen an die Oberflächenfeingestalt

Aus den vorangegangenen Überlegungen lassen sich fünf wesentliche Folgerungen ableiten:
1. Das anfängliche Eindringen der beiden Oberflächen ineinander darf nur in geringem Umfang geschehen. Dem kann durch die Verwendung von polierten Werkzeugoberflächen ($R_z \leq 1$ µm) gemäß Woska /33/ Sorge getragen werden.
2. Ein Aufnahmevermögen der Oberfläche an Schmierstoff, Abrieb- und Schmutzpartikel muß entsprechend vorhanden sein.
3. Zur Verhinderung des Grenzschmierfilmabrisses darf die Mikroflächenpressung in den unter Grenzreibung stehenden Zonen nicht zu groß werden. Das kann durch eine gleichmäßige Profilausbildung (gleichhohe Rauheitserhebungen) gemäß Bild 29 erreicht werden /70/. Gezeigt wird ein typisches Rauheitsprofil einer mit gestrahlten Arbeitswalzen hergestellten Blechoberfläche. Werden die nichttragenden Spitzen, die nach einer fiktiven Einglättung verbleiben, gestrichen, so liegt nur noch ein Rest von durchschnittlich 65 % an Profilerhebungen vor, die eine wirkende Normalkraft übertragen.
   Darüber hinaus lassen sich die Mikroflächenpressungen durch das Erhöhen

der Anzahl an gleichhohen Rauheitserhebungen senken /21, 72/.

4. Die Einleitung einer Normalkraft auf die Blechoberfläche geschieht nach Kudo /36/ über einen Mikroflächenpressungsanteil der Oberflächenrandschicht (in den Grenzreibungsflächen) und einem hydrostatischen Anteil über den Schmierstoff. Das setzt allerdings voraus, daß der Schmierstoff in den Profilvertiefungen eingeschlossen sein muß und nicht einfach abfließen kann. Die Profilvertiefungen sollten daher in abgeschlossener Form vorliegen, was auch von Wilson und Rowe /73/ befürwortet wird.

5. Der Mikroreibweg, d.h. die flächenhaften Abmessungen der einzelnen Rauheitserhebungen sollten nicht zu groß sein (Oberfläche D oder E nach Bild 14), da sich auf langen Gleitreibwegen die Temperatur intensiv erhöht /71/. Dies hat wiederum die Senkung der Viskosität des Schmierstoffes zur Folge. Die Scherfestigkeit des Schmierstoffes wird infolge dessen empfindlich geschwächt und damit das Abreißen des Grenzschmierfilms heraufbeschworen. Mitgeführte tribochemische Reaktionsprodukte, Abrieb- und Schmutzpartikel verschlechtern die Situation zusätzlich.

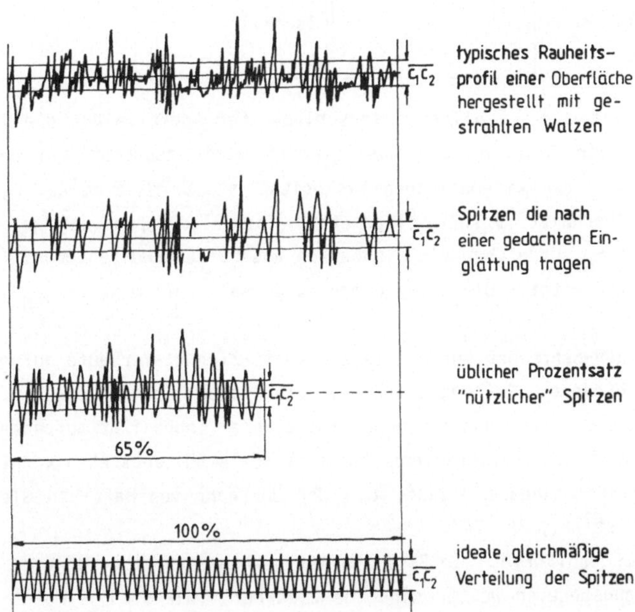

Bild 29: Ideale, gleichmäßige Verteilung tragender Spitzen einer Blechoberfläche (in Anlehnung an /70/).

5.1 STREIFENZIEHEN OHNE UMLENKUNG

Ziel dieser Versuchreihen war es, einmal die Reibzahl und zum anderen das Auftreten von Adhäsionserscheinungen in Abhängigkeit von verschiedenen Parametern zu untersuchen. In Abschnitt 3.1 wurde die Versuchseinrichtung bereits grob skizziert. Die Blechstreifen wurden einheitlich vorbereitet, d.h. auf $30,0 \pm 0,1$ mm geschnitten, entgratet, gereinigt und mittels Gummiwalzen mit Schmierstoff versehen. Die aus Vorversuchen ermittelten und der jeweiligen Blechrauheit angepaßten Schmierstoffmengen (Tabelle 1) wurden gravimetrisch durch Abwiegen vor und nach dem Auftragen überwacht.

Tabelle 1: Schmierstoffmengen beim Walzenauftrag.

Oberfläche AlMg 5 Mn	Schmierstoffmenge m_s in g/m²	Oberfläche AlMg 0,4 Si 1,2.	Schmierstoffmenge m_s in g/m²
Geschliffen fein	4	Mill-Finish fein	4
Geschliffen rauh	6	Mill-Finish rauh	6
Gestrahlt fein	5	Isomatt fein	6
Gestrahlt rauh	8	Isomatt rauh	8
Lasertex	7	Isomill	5
Erodiert	13		

Zum Ausschalten des Einflusses verschiedenster Additive auf die Tribologie und damit zur Erhöhung der Aussagekraft wurde zunächst ein unlegiertes Mineralöl mit der kinematischen Viskosität $\nu_{20°C}$ = 116 mm²/s (vgl. Anhang A10 und Abschnitt 5.1.3) eingesetzt. Die Flächenpressung p_N bzw. die Normalkraft F_N wurde über die Ziehbacken aus GG 25 CrMo-Sonderguß (Abschnitt 5.1.6) eingeleitet. Die Flächenpressung war auf maximal p_N = 14 N/mm² begrenzt.

Von einem x-y-Schreiber wurden die Ziehkraft-Ziehweg-Verläufe aufgezeichnet. Die verschiedenen Reibungszustände, die sowohl gleichzeitig, als auch zeitlich nacheinander und mit unterschiedlicher Intensität auftreten können, sorgten dafür, daß verschiedene Verläufe (Bild 30) entstehen konnten, wobei allen der instationäre Anlauf, d.h der Übergang von Haft- in Gleitreibung gemeinsam ist /21, 28, 74/.

Der Verlauf der Kurve I in Bild 30a ist gekennzeichnet durch eine auch nach dem Übergangsbereich weiter sinkende Ziehkraft, die sich asymptotisch einem Grenzwert nähert. Dies beruht auf sich zunächst verbessernden Reibungszuständen, wobei der Anteil der hydrodynamischen Reibung sich relativ zu anderen tribologischen Vorgängen des Mischreibungszustandes vergrößert. Derartige Kraft-Weg-Verläufe traten meist bei Versuchen mit hoher Ziehgeschwindigkeit bei mittleren bis hohen Anfangsbelastungen auf.

Der Verlauf der Kurve II zeigt den am häufigsten aufgetretenen, quasistationären Kraft-Weg-Verlauf. Hier herrscht ein Gleichgewicht der verschiedenen Reibungszustände, d.h. Festkörperreibung, Grenzreibung und hydrodynamische Reibung und deren Wechselwirkung ergeben eine konstante Reibzahl über dem Ziehweg, die sich aus den einzelnen augenblicklichen, mikrogeometrischen Reibungszuständen addiert.

Der leichte kontinuierliche Kraftanstieg der Kurve III ist auf sich langsam verschlechternde Reibungsbedingungen zurückzuführen, ggf. bedingt durch örtliche Temperaturerhöhungen. Sie stellt den Versagensgrenzfall dar, da meist eine geringfügige Änderung nur eines Parameters zu den Kurven IV oder V führt.

Die Kraft-Weg-Verläufe IV und V zeigen eindeutig den Versagensfall durch Kaltverschweißungen an. Dabei kann wie folgt unterschieden werden: Kurve IV verläuft zunächst wie Kurve II oder Kurve III, steigt dann aber plötzlich stark an, was durch einen weitgehenden Abriß von Grenzschmierfilmen gedeutet werden kann. Anfänglich gute Reibungsbedingungen verschlechtern sich während des Ziehvorganges. Nicht so bei Kurve V; hier entstehen Metallbrücken schon während des Einlaufvorganges, was auf äußerst ungünstigen Anfangsbedingungen beruht.

Gemäß Bild 30c lassen sich die einzelnen Kraft-Weg-Verläufe (Bild 30b) - gezogen wurden pro Parameterkombination mindestens 3 Versuche - zu Ziehkraft-Flächenpressungs-Verläufen zusammenstellen. Da sonst alle Bedingungen gleichblieben, können die Reibzahlen über die Beziehung nach Coulomb $\mu = F_Z/2A_N \, p_N$ ebenfalls in das Schaubild eingetragen werden. Der Abbruch des Streubandes kennzeichnet das Auftreten von Kaltverschweißungen.

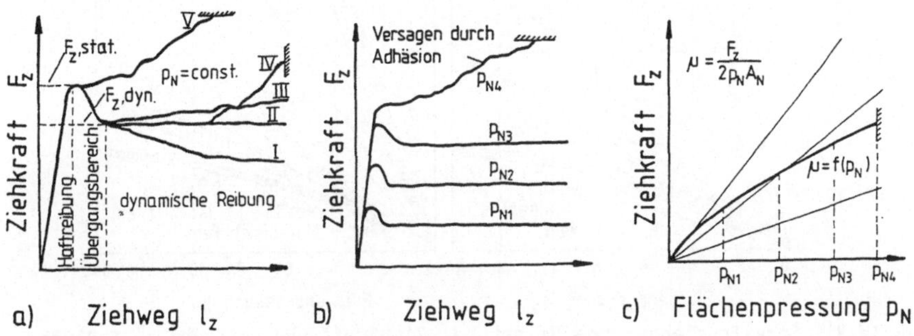

Bild 30: Kraft-Weg-Verläufe beim Streifenziehen, Ermittlung des Kraft-Flächenpressungs-Verlaufs.

Bild 31 zeigt die so erhaltenen Ziehkraftverläufe getrennt nach Legierung und Ziehrichtung.

In Bezug auf das Reibungsverhalten in Abhängigkeit von der Walzrichtung gab

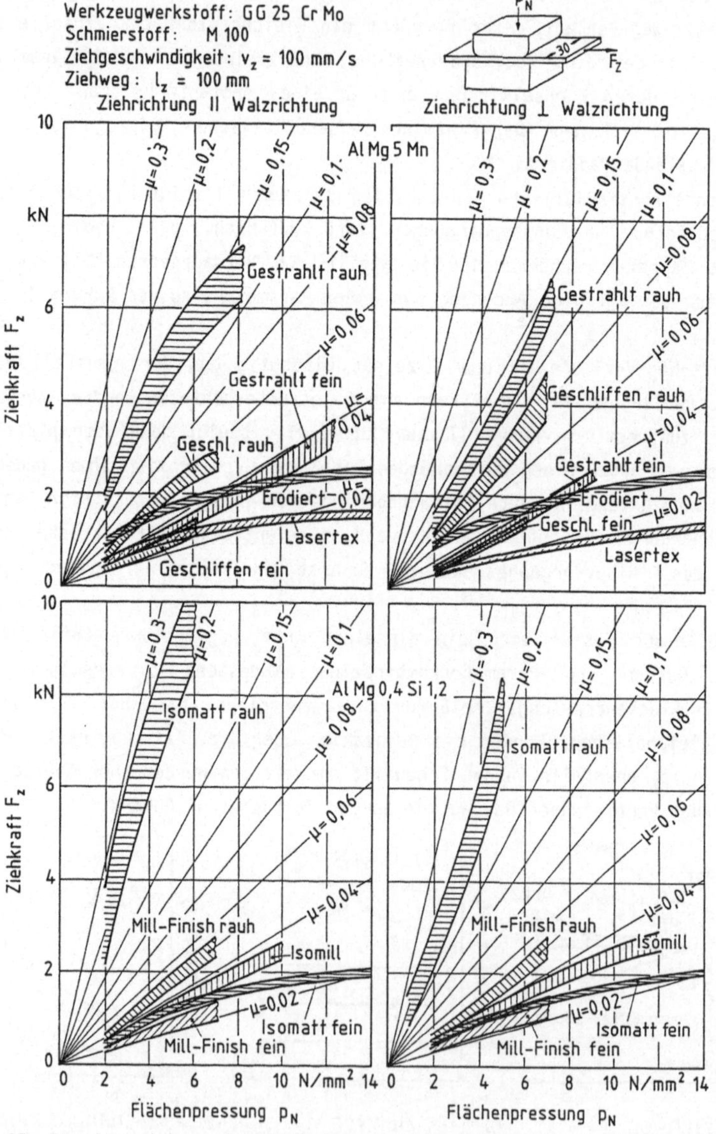

Bild 31: Streifenziehen ohne Umlenkung: Ziehkraft und Reibzahl in Abhängigkeit von der Flächenpressung, Abbruch der Bereiche kennzeichnet Adhäsionsbeginn.

es vor allem bei der Oberfläche Geschliffen rauh deutliche Unterschiede dahingehend, daß senkrecht zur Walzrichtung gezogen höhere Reibzahlen entstanden als parallel dazu. Zurückzuführen ist dies vermutlich auf die breiten talförmigen Rauheitsvertiefungen, in denen der Schmierstoff ungebremst abfließen kann; außerdem ist die Spitzenzahl kleiner als die der Oberfläche Mill-Finish rauh, die keine derartigen Unterschiede im Vergleich der beiden Ziehrichtungen zeigte. Mössle /35/ fand für die AlMg 5 Mn-Legierung die gleiche Tendenz, für AlMg 0,4 Si 1,2 Unterschiede, derart daß parallel zur Walzrichtung gezogen größere Reibzahlen entstanden. Die Ziehgeschwindigkeit betrug allerdings nur 2 mm/s. Bei höheren Ziehgeschwindigkeiten nimmt die Differenz deutlich ab. Nach Siegert u. Thoms /75/ ist der Unterschied bei einer Ziehgeschwindigkeit von ca. 75 mm/s nur noch geringfügig. In den beiden Untersuchungen wurden allerdings legierte Schmierstoffe und zum Teil andere Backenwerkstoffe eingesetzt.

Die quasi-isotropen Oberflächen und die gerichteten mit feinerer Rauheit wiesen ähnliche Reibzahlen senkrecht und parallel zur Walzrichtung auf.

Die ungleichmäßigen, rauhen Oberflächen (Gestrahlt, Isomatt) zeigten die höchsten Reibzahlen und neigten auch am ehesten zu Kaltverschweißungen. Auch bei hohen Flächenpressungen wurden bei der gleichmäßigeren und im Vergleich zu Gestrahlt fein, rauheren Oberfläche Lasertex, kleine Reibzahlen und keine Kaltverschweißung beobachtet. Selbst die sehr rauhe Oberfläche Erodiert wies keine Kaltverschweißungen und verhältnismäßig kleine Reibzahlen auf, was nur durch das gute Schmierstoffaufnahmevermögen in den kleineren Schmierstofftaschen der überlagerten Mikrorauheit (vgl. Bild 11) zu erklären ist.

Festzuhalten bleibt, daß Reibzahl und Adhäsionsneigung in keinem Zusammenhang stehen. Erst der sprunghafte Anstieg der Reibkraft zeigt den Adhäsionsbeginn an.

5.1.1 Veränderung der Oberflächenmikrogeometrie

Zur Klärung der tribologischen Vorgänge beim Streifenziehen ohne Umlenkung wurde die Oberflächenwandlung nach verschiedenen Methoden analysiert.

In einer REM-Aufnahmenserie (Bild 32) wird die morphologische Entstehung einer Anfresserbildung dargelegt. Zusammen mit den eingangs Kapitel 5 geschilderten tribologischen Vorgängen und Bild 28 läßt sich der Ablauf erschöpfend klären.

Weitere REM-Aufnahmen (Bild 33) beweisen für die Oberflächen Erodiert, Lasertex und Isomatt, daß auch nach hohen Flächenpressungen gleichmäßig verteilte Schmierstofftaschen auf der Oberfläche vorhanden sind. Betrachtet

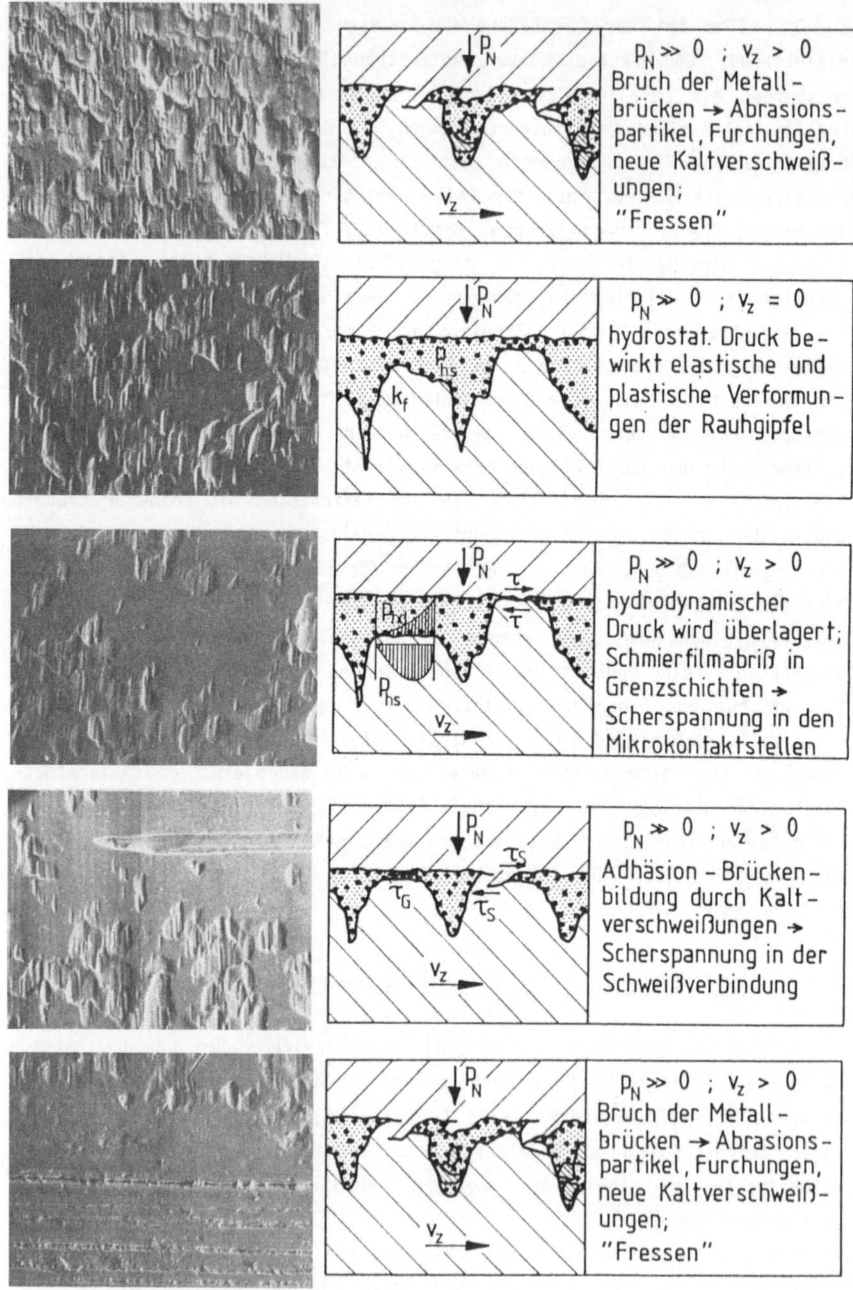

Bild 32: Morphologie einer Adhäsionserscheinung.

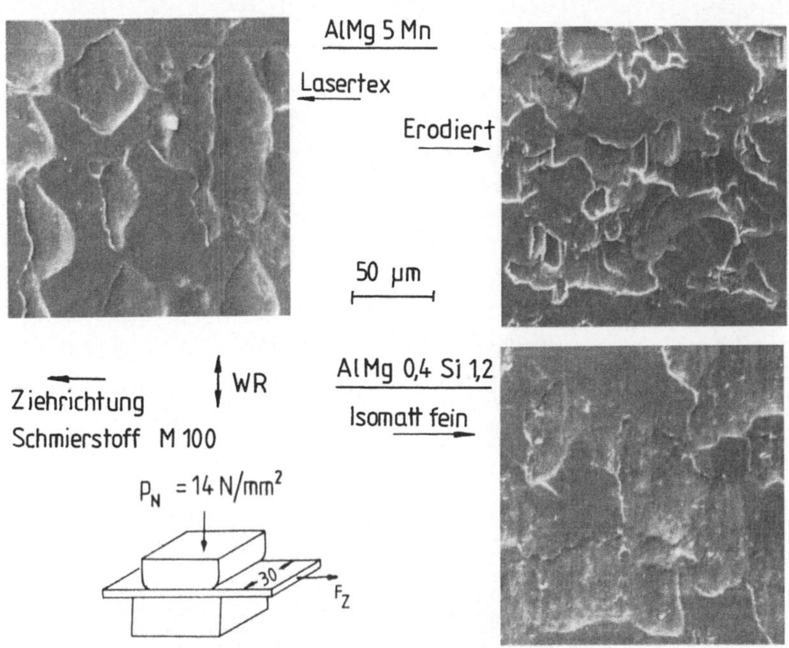

Bild 33: REM-Aufnahmen zum Einglättungsverhalten ausgewählter Oberflächen beim Streifenziehen (p_N = 14 N/mm²).

man die Veränderung der einzelnen Rauheitsmaßzahlen in Bild 34, so läßt sich ableiten, daß Oberflächen, die eine verhältnismäßig kleine Tendenz zu Adhäsionserscheinungen zeigten, eine höhere Einglättung (ausgenommen Gestrahlt rauh) erfuhren. Für die Oberfläche Gestrahlt rauh kann angenommen werden, daß bis zur Flächenpressung p_N = 5 N/mm² die vereinzelt herausragenden hohen Spitzen nivelliert wurden. Demgegenüber zeigten die gerichteten Oberflächen (Geschliffen, Mill-Finish) nur geringe Einglättungsvorgänge bei verhältnismäßig kleinen Flächenpressungen. Exemplarisch für alle anderen Oberflächen läßt sich durch die in Bild 35 gewählte Darstellung die Veränderung der Oberflächenmaßzahlen in Abhängigkeit von der Flächenpressung verfolgen. Der Profilleeregrad λ_p nimmt kontinuierlich ab, während die relative Rauheitsänderung ϱ_z sich asymptotisch einem Grenzwert nähert. Die relative Änderung der Glättungstiefe ϱ_p zeigt eher einen parabelförmigen Anstieg bis zum Auftreten von Kaltverschweißungen. Es kann daraus der Schluß gezogen werden, daß mit Zunahme der Flächenpressung ein Einglättungsvorgang abläuft, der aber in Kaltverschweißungen mündet, falls das Einglättungsvermögen schließlich erschöpft ist. Bild 36 zeigt das Einglättungsverhalten verschiedener Oberflächen im Vergleich.

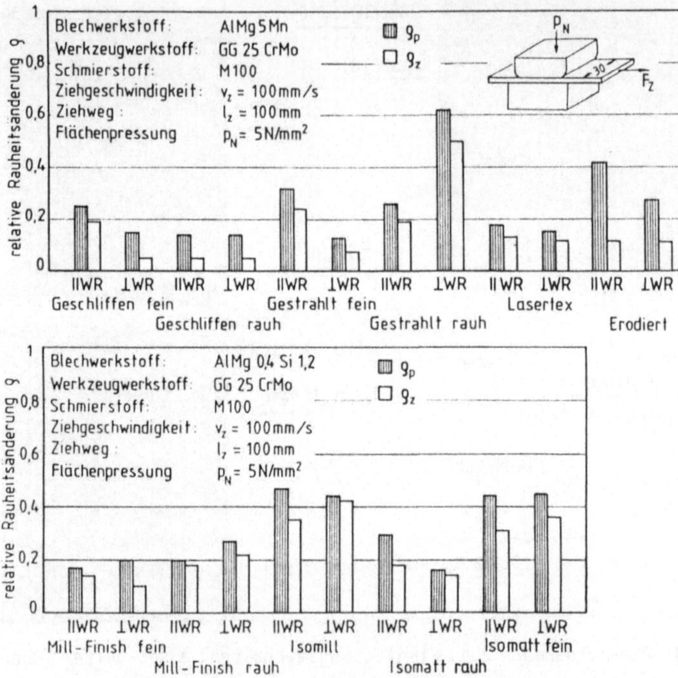

Bild 34: Relative Rauheitsänderung beim Streifenziehversuch im Vergleich.

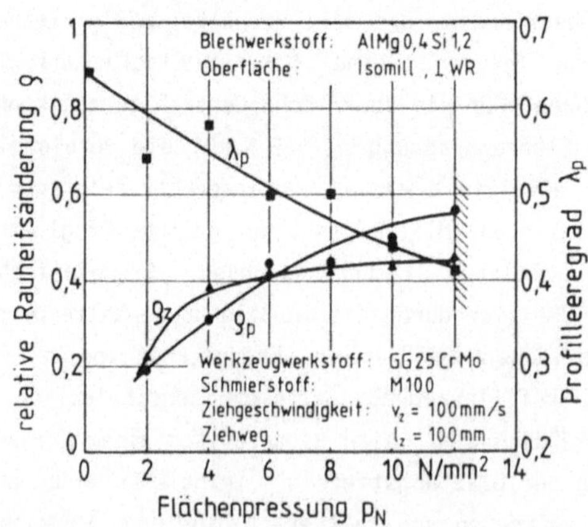

Bild 35. Prinzipieller Verlauf der Einglättung bei zunehmender Flächenpressung am Beispiel der Isomill-Oberfläche.

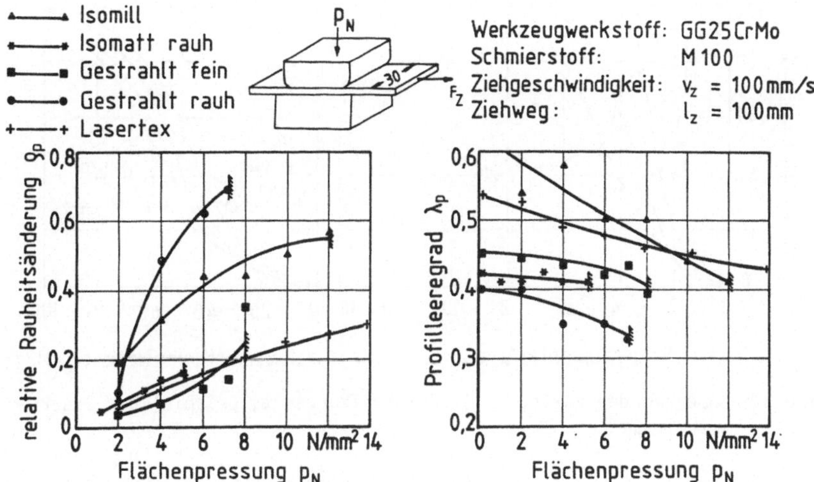

Bild 36: Relative Rauheitsänderung und Einglättungsverhalten verschiedener Oberflächen.

Im wesentlichen läßt sich die Vermutung bestätigen, daß ein mit zunehmender Flächenpressung fortbestehendes Einglättungsvermögen die Bildung von Kaltverschweißungen verhindert. Dies beweisen auch die Verläufe des Profilleeregrades, der für alle Oberflächen im Bereich $0{,}32 < \lambda_p < 0{,}42$ endet. Aufgrund der Kurvenverläufe lassen anfänglich höhere Profilleeregrade auf ein größeres Einglättungsvermögen schließen.

Eine weitere Möglichkeit zur Analyse des Reibungsverhaltens bietet die Ermittlung des Mikroprofiltraganteils t_{pi} (Bild 37), der sich wie vermutet bei hohen Flächenpressungen und bei kleiner Schnittlinientiefe im Vergleich zur Ausgangsoberfläche deutlich erhöht. Zieht man allerdings die Entwicklung des Mikroprofiltraganteils bei bezogener Schnittlinientiefe zur Beurteilung heran, so kann oft nur eine minimale Veränderung der Abbottschen Traganteilkurve selbst bei hohen Flächenpressungen festgestellt werden. Die in Bild 37 gezeigten Änderungen bei der Lasertex-Oberfläche gehören noch zu den aufschlußreichsten Verläufen. Andere Oberflächen wiesen keine Veränderung oder sogar eine Abnahme auf, falls die Meßnadel des Tastschnittgerätes in bereits entstandene Adhäsionsriefen kam.

Wesentlich informativer ist die Entwicklung des Mikroflächentraganteils t_a mit zunehmender Flächenpressung in Bild 38 (vgl. hierzu auch Anhang A9). Hierbei kann, vergleichbar mit REM-Aufnahmen bei zusätzlicher quantitativer

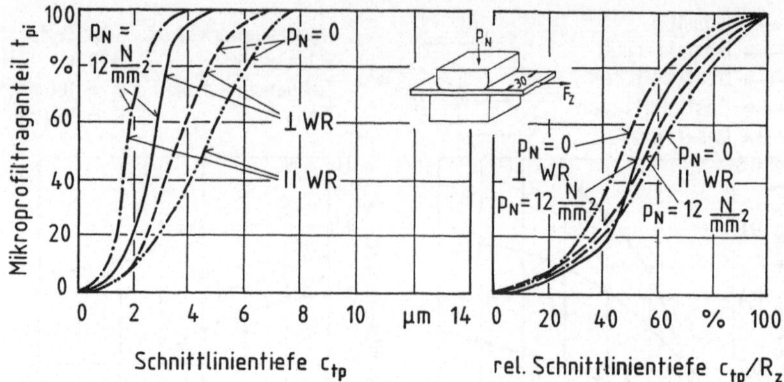

Bild 37: Änderung der Mikroprofiltraganteilkurven am Beispiel der Lasertex-
oberfläche.

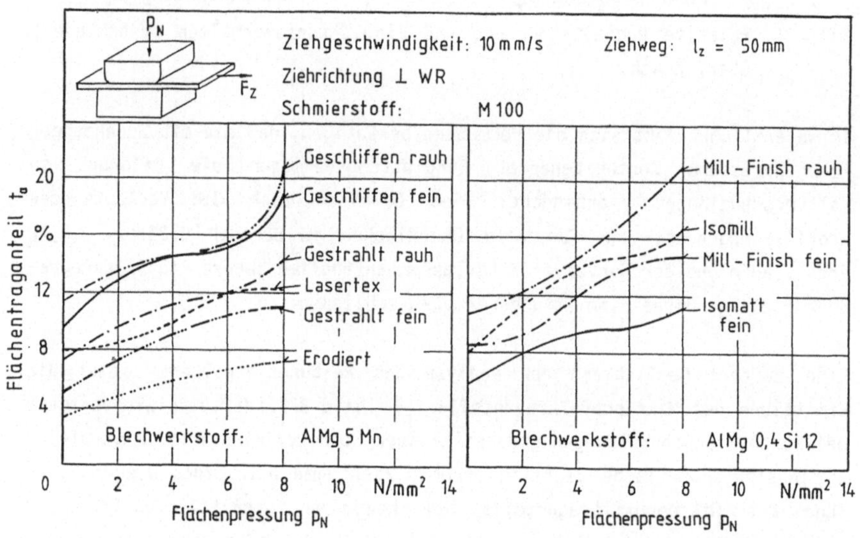

Bild 38: Entwicklung des Flächentraganteils in Abhängigkeit von der Flächenpressung.

Zuordnung, eine gute Korrelation mit dem Reibungs- und Adhäsionsverhalten
(Bild 31) der Bleche festgestellt werden.
Oberflächen, die auch bei hohen Flächenpressungen nur kleine Reibzahlen
aufweisen, besitzen kleine Flächentraganteile, die kontinuierlich in
kleinen Schritten zugenommen haben (Erodiert, Lasertex, Isomatt fein und
Gestrahlt fein). Adhäsionserscheinungen entstehen eher bei den gerichteten

Oberflächen und den ungleichmäßigen, isotropen Oberflächen. Einzelne, bereits schon größere Mikroflächen nehmen dabei stark an Umfang zu (vgl. Anhang A9 Gestrahlt rauh) oder wachsen zusammen (Mill-Finish, Geschliffen). Der Schmierstoff kann dabei ungebremst in den Tälern oder in einer Art kommunizierendem Kanalsystem abfließen. Es ist daher klar verständlich, daß auf den entstandenen langgezogenen Plateauflächen die Grenzschmierfilme wesentlich schneller abreißen und so Werkstoffübertragungen hervorrufen können. Insgesamt gesehen verfügt die Lasertex-Oberfläche über das tribologisch günstigste Verhalten, da kleine Reibzahlen durch den Aufbau von Schmierstoffdruckpolstern entstehen, d.h. infolge gut abgedichteter Schmierstofftaschen (Bild 33). Dabei werden diese Schmierstoffreserven durch eine kontinuierliche Einglättung des Rauheitsprofiles mit zunehmender Flächenpressung. aktiviert. Gleichzeitig nehmen die Flächentraganteile gleichmäßig aber nur geringfügig zu, ohne daß ausgedehnte Mikroreibflächen entstehen. Untersuchungen von Kudo /36/ beweisen die Vermutung über die Entstehung von Schmierstoffquetschströmungen ausgehend von den Rauheitskratern in die unter Grenzschmierung stehenden Mikrogleitflächen. Mit der Einglättung tritt eine Stabilisierung des Mischreibungszustandes auf. Dieser Reibungsmechanismus könnte somit als plasto-hydrodynamische Mikrodruckkammerschmierung umschrieben werden.

Die Oberfläche Erodiert wies, obwohl mit kleinerem Flächentraganteil behaftet, die größere Reibzahl auf, weil vermutlich der Schmierstoff keine der Lasertex-Oberfläche vergleichbaren Schmierstoffdruckpolster aufbauen konnte, d.h. zerklüftete Rauheitsgebirge mit untereinander verbundenen Tälern ermöglichten einen Druckausgleich. Ein weiterer Grund dürfte darin liegen, daß beim Ziehen der Oberfläche Erodiert eine höhere Reibarbeit zum Einglätten und Abscheren der feingegliederten Spitzen anfällt. Diese Vermutung wird durch die auffallend intensive Abriebbildung, die nach dem Ziehen festgestellt wurde, untermauert.

5.1.2 Aussagekraft von Oberflächenmaßzahlen hinsichtlich des tribologischen Verhaltens

Aus den vorangegangenen Untersuchungen kann als wesentliche Aussage festgehalten werden, daß zur Beurteilung des tribologischen Verhaltens einer Blechoberfläche Auskunft über deren Struktur und deren Einglättungsvermögen eingeholt werden muß.
Offensichtlich ist auch die Tatsache, daß nur eine Maßzahl allein keinerlei

Rückschlüsse erlaubt. Die einfachen Rauheitskennzahlen R_a, R_z, R_{pm} oder Kombinationen daraus ergeben, selbst in verschiedenen Richtungen ermittelt, kaum hinreichende Informationen.

Dies wird besonders deutlich beim Vergleich der Oberflächen Gestrahlt rauh und Lasertex, die quasi identische Senkrechtmaßzahlen aber ein grundsätzlich verschiedenes Reib- und Adhäsionsverhalten aufweisen.

Auch die weiteren Maßzahlen (vgl. Anhang A8) wie Spitzenzahl, Schiefe der Häufigkeitskurve und Oberflächenkennwert nach Reitzle /26/ liefern, wie aus den unterschiedlichsten Zusammenstellungen ermittelt werden konnte, nur bedingt Auskunft über das zu erwartende tribologische Verhalten /76/. Ebenso scheitern Analogien zu Untersuchungen, die mit Stahlblechen durchgeführt wurden, da diese, bedingt durch die gänzlich andere Beschaffenheit der Randschicht, nicht übertragen werden können /32/. Zu entsprechenden Ergebnissen müssen auch Untersuchungen gekommen sein, die für die Beurteilung von Stahlblech die Maßzahl M_0 zunächst empfehlen /26, 77/, sie bei weiteren Untersuchungen an Aluminiumblechen allerdings nicht mehr anwenden /38, 78, 79/.

Eine qualitative Auskunft mit etwas höherem Informationsgehalt gibt der Vergleich von Profiltraganteilkurven im Ausgangszustand (Bild 39). Zusammen mit Bild 14 kann vermutet werden, daß spitzkämmige, offene Profile höhere Flächenpressungen bis zum ersten Auftreten von Adhäsionserscheinungen

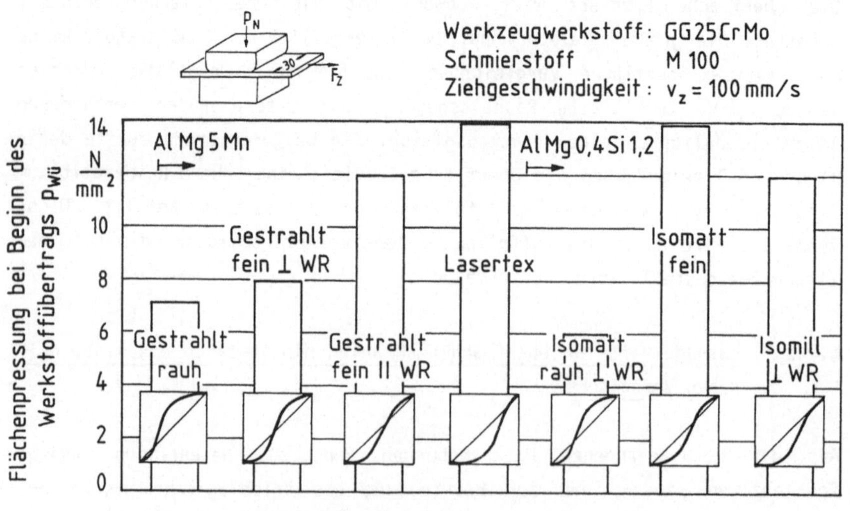

Bild 39: Hinweise aus der Ausgangs-Mikroprofiltraganteilkurve auf das Auftreten von Kaltverschweißungen.

ertragen. Die weitere Entwicklung der Profiltraganteilkurven in Abhängig-
keit von der Flächenpressung dürfte infolge der zwangsläufig möglichen
Meßfehler keine zusätzlichen Informationen eröffnen (vgl. Abschnitt 5.1.1).
Die bisher ergiebigsten Hinweise über das Reibungs- und Ahäsionsverhalten
wurden über den Mikroflächentraganteil t_a erhalten, der nicht wie
Tastschnittmessungen Vertikalmaße liefert, sondern - für die Tribologie von
entscheidend höherer Bedeutung - Auskunft über horizontale, in der
Gleitfläche vorliegende Bedingungen und Veränderungen gibt. Anfänglich hohe
und mit zunehmender Flächenpressung schnell anwachsende Mikrotraganteile
kennzeichnen eindeutig tribologisch ungünstige Blechqualitäten. Die ziel-
strebige Klassifizierung von Schmierstofftaschen (abgeschlossene Rauheitsvertiefungen) war durch die angewandte Tuschiermethode allerdings nicht
einfach und mußte daher durch zusätzliche Betrachtungen mittels Licht- oder
Rasterelektronenmikroskop abgesichert werden.

5.1.3 Einfluß der Ziehgeschwindigkeit

Mit zunehmender Ziehgeschwindigkeit werden die elasto-hydrodynamischen
Reibungsanteile erhöht und gleichzeitig die Grenzreibungsanteile gesenkt.
So interpretieren verschiedene Autoren /35, 37, 80, 81/ die Beobachtungen,
die auch in vorliegender Untersuchung gemacht wurden. Stellvertretend für
alle anderen Oberflächen soll dies anhand der Oberflächen Gestrahlt fein und
rauh bei verschiedenen Geschwindigkeitsstufen aufgezeigt werden (Bild 40).
Eine höhere Ziehgeschwindigkeit bewirkte in beiden Fällen eine deutliche

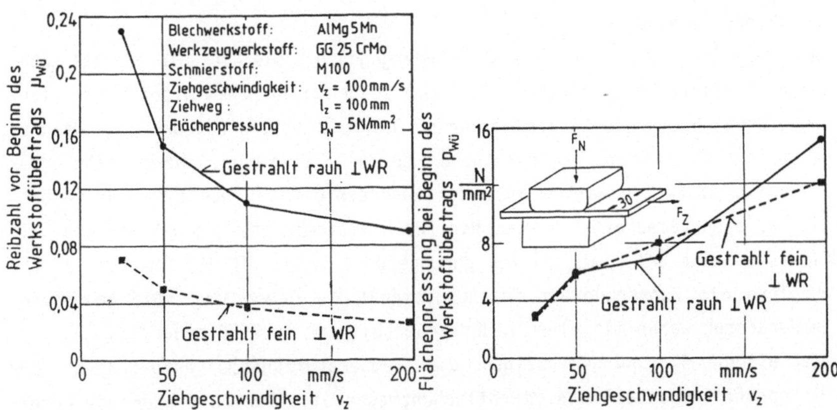

Bild 40: Einfluß der Ziehgeschwindigkeit auf das Reibungs- und Adhäsionsverhalten.

Verschiebung des Versagensfalles "Kaltverschweißungen" in Richtung höherer Flächenpressung. Bei der ungleichmäßigen Oberfläche Gestrahlt rauh sank die Reibzahl in erheblichem Maße, was für die Oberfläche Gestrahlt fein in diesem Umfang nicht festgestellt werden konnte. Daraus kann auch hier ein Einfluß der Oberflächenstruktur abgeleitet werden, der besagt, daß mit zunehmender Geschwindigkeit vorwiegend bei rauhen Oberflächen die Reibzahl deutlich gesenkt werden kann. Ferner kann bei sehr hohen Geschwindigkeiten die Adhäsionsneigung dieser Oberfläche kleiner als die der feineren Oberfläche werden, was sicherlich nicht einfach verständlich erscheint. Es kann nur vermutet werden, daß für jede Rauheitsstruktur neben sonst optimalen Verfahrensbedingungen auch eine optimale Ziehgeschwindigkeit existiert.

5.1.4 Einfluß der Temperaturentwicklung in der Wirkfuge

Die Temperaturentwicklung in der Reibzone hat einen bedeutenden Einfluß auf das Schmierstoffverhalten. Für die einzelnen Schmierstoffe lassen sich die entsprechenden Zusammenhänge aus den Viskositäts-Temperatur-Druck (VTD)-Diagrammen entnehmen, die für die unlegierten Mineralöle in Anhang A11 enthalten sind.

Nach Empfehlungen von Kaffanke und Czichos /82/, aus einer Analogie zur Temperaturmessung bei Brems- und Kuppelvorgängen /83/ und nach eigenen Vorversuchen läßt sich die Temperaturentwicklung beim Streifenziehen am vorteilhaftesten nach der sogenannten offenen Methode mittels Mantelthermoelementen messen, zumal diese Meßreihen vorwiegend vergleichenden Charakter haben sollen.

Der Meßaufbau ist in Bild 41 wiedergegeben. Die in DIN 43 721 /84/ genormten Mantelthermoelemente ($\emptyset$ 1 mm) bestehen aus zwei miteinander nicht verlöteten Chrom- und Nickelleitungen. Das Meßsignal wird durch die darüber gleitende Oberfläche entsprechend deren Temperatur, bzw. geändertem elektrischem Leitverhalten in einer Ansprechzeit von nur 0,5 s ausgelöst. Als Referenztemperatur wurde die Werkzeugtemperatur gemessen und mit Eiswasser eine 0°C-Kompensation durchgeführt. Nach DIN IEC 584 Teil 1 /85/ erfolgte die Zuordnung von Spannungssignal zur Temperatur. Die gemessenen Temperaturen waren mit einer Meßunsicherheit von ±0,25°C behaftet.

Die Bilder 42 und 43 zeigen die Temperaturzunahme aufgetragen über Mikroprofiltraganteil und Mikroflächentraganteil. Danach deuten die Ergebnisse darauf hin, daß die Temperaturentwicklung von drei wesentlichen Einflußfaktoren abhängt.

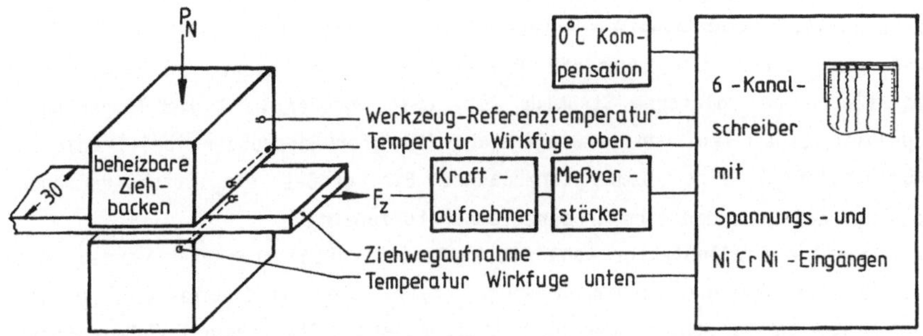

Bild 41: Meßanordnung zur Ermittlung der Temperatur in der Wirkfuge beim Streifenziehen.

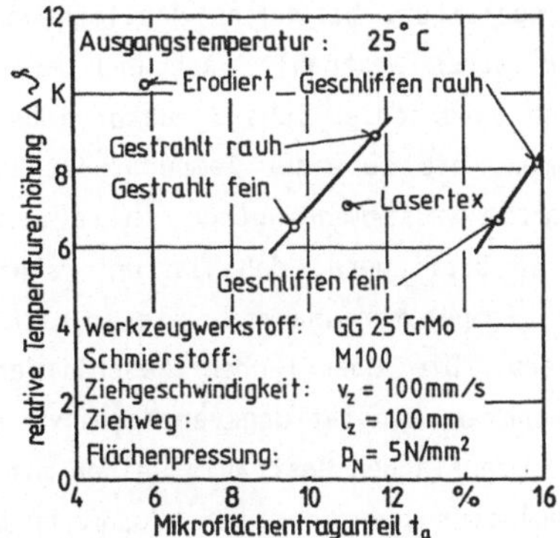

Bild 42: Einfluß der Oberflächenstruktur auf die relative Temperaturerhöhung in Abhängigkeit vom Mikroflächentraganteil beim Streifenziehen (Ziehrichtung II Walzrichtung).

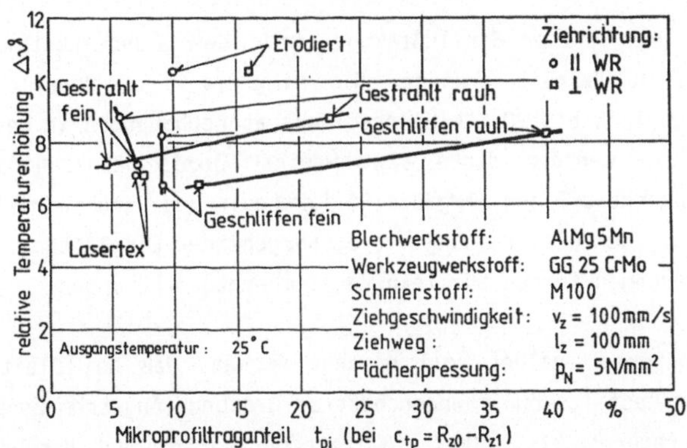

Bild 43: Einfluß der Oberflächenfeinstruktur auf die relative Temperaturerhöhung in Abhängigkeit vom Mikroprofiltraganteil beim Streifenziehen.

Zunächst läßt sich eine Abhängigkeit von der Randschichthöhe, gekennzeichnet z.B. durch die Rauhtiefe R_z, ablesen, die besagt, je rauher die Oberfläche bei gleicher Struktur ist, desto größer wird die Temperaturzunahme. Dabei bewirken vorwiegend die Mikroformänderungen (bei Erodiert: Abriebbildung) eine Temperaturzunahme. Ein großes Einglättungsvermögen bewirkt entsprechend eine größere Temperaturzunahme.

Als zweiter Einflußfaktor kann die Rauheitsstruktur angesehen werden, die für kleine Temperaturzunahmen sorgt, falls sie den Schmierstoff eingeschlossen an der Oberfläche hält (z.B. Lasertex-Oberfläche). Schmierstoff wird in die Gleitreibzonen gefördert und damit die Übertragung der Normalkraft über insgesamt kleine aber gleichmäßige Flächenpressungen in die Blechrandschicht eingeleitet. Besonders deutlich wird dieser Einfluß beim Vergleich der Oberflächen Gestrahlt rauh und Lasertex, die ähnliche Rauheitsmaßzahlen, jedoch unterschiedliche Strukturen besitzen. Die beiden angesprochenen Mechanismen, die zu einer Temperaturzunahme führen (großes Einglättungsvermögen, große zusammenhängende Mikrogleitflächen), können sich in ihrer Wirkung so überlagern, daß für unterschiedliche Rauheitsstrukturen eine ähnliche Temperaturzunahme - wie im nachfolgenden Beispiel gezeigt - vorliegen kann. Die Oberflächen Geschliffen fein oder rauh verfügen über ein kleineres Einglättungsvermögen verbunden mit großen Flächentraganteilen. Die Oberflächen Gestrahlt weisen mittlere Flächentraganteile aber großes Einglättungsvermögen auf. Zusammen mit den Bildern 34 und 38 kann jedoch aufgrund einer Gegenüberstellung angenommen werden, daß die relative Temperaturerhöhung infolge Mikroformänderungsarbeit größer als der entsprechende Anteil anderer Gleitreibungsmechanismen im Grenzschmierfilm ist.

Als dritter und letzter Einflußfaktor wurde der Grundwerkstoff bzw. die Randschichtbeschaffenheit erkannt. Die AlMg 0,4 Si 1,2-Oberflächen-Qualitäten erfahren 10 % bis 30 % kleinere Temperaturerhöhungen in der Wirkfuge; dafür kann die weniger dicke bzw. weniger poröse Randschicht und der härtere Grundwerkstoff der AlMg 0,4 Si 1,2-Legierung verantwortlich gemacht werden. Die bei der Gleitreibung mit einhergehender Einglättung geleisteten Mikroformänderungen führen zu kleineren Temperaturerhöhungen.

Der Vollständigkeit halber soll erwähnt werden, daß bei Gleitreibung in Bereichen von Gestaltsabweichungen höherer Ordnung (Ångström-Bereich) schon früher Temperaturen bis 1000°C (Blitztemperaturen) und darüber gemessen wurden /71/. Die vorliegende Meßmethode erlaubte dagegen nur eine integrale Erfassung der Temperaturentwicklung.

Schließlich wurde noch die Temperaturerhöhung infolge geleisteter Umformarbeit im Blechwerkstoff durch das Aufheizen der Ziehbacken auf Werte bis
50°C simuliert, welches bei entsprechend niedrigeren Schmierstoffviskosi-
täten zu sonst gleichläufigen Tendenzen führte.

5.1.5   Einfluß des Schmierstoffes

Im überwiegenden Teil der Untersuchungen wurde ein unlegiertes Mineralöl
mit der kinematischen Viskosität ϑ = 116 mm²/s bei 20°C eingesetzt. Damit
konnten zwei wesentliche Bestrebungen realisiert werden. Zum einen
repräsentiert das ausgewählte Mineralöl einen in der Praxis häufig
vorgefundenen Viskositätsbereich, und zum anderen wurde die Aussagekraft
der Ergebnisse erhöht, da die Wirkung der Additive den Einfluß der
Oberfläche verfälschen konnte. Additive, insbesondere Hochdruckzusätze
(E.P.'s = Extreme Pressure Additives), tragen bei hoher Flächenpressungen
zur Aufrechterhaltung des Grenzschmierfilmes bei.
Aufbauend auf den Ergebnissen erzielt mit dem o.g. unlegierten Mineralöl,
wurden im folgenden weitere unlegierte Mineralöle mit unterschiedlicher
Viskosität, legierte Mineralöle und andere Schmierstoffarten auf ihr
Verhalten im Streifenziehversuch untersucht.
Nach Rücksprache mit verschiedenen Herstellern und Anwendern wurde eine
Auswahl von Schmierstoffen zusammengestellt (Anhang A10), aus der gezielt
für die jeweiligen Versuchsreihen Schmierstoffe entnommen wurden. Der
Schmierstoffauftrag erfolgte durch poröse Gummiwalzen und infolgedessen mit
der Blechrauheit angepaßten Schmierstoffmengen (vgl. Abschnitt 6.2.2).

In Bild 44 sind die Ziehkraft(Reibzahl)-Flächenpressungs-Verläufe für
verschiedene Schmierstoffe aufgetragen. Günstige Schmierstoffe wie z.B.
MD 740 halten bei Zunahme der Flächenpressung die Reibzahl konstant,
dadurch läßt sich beim Ziehen von Karosserieteilen über die Niederhalterkraft der Werkstoffffluß steuern /75/.
Der Einfluß der kinematischen Viskosität auf das Reibungs- und Adhäsionsverhalten kann aus Bild 45 abgeleitet werden. Die erhaltenen Meßwerte von
unlegierten Mineralölen lassen sich durch einen Kurvenzug relativ gut
verbinden, der dann aussagt, daß mit steigender Viskosität eine Abnahme von
Reibzahl und Adhäsionsneigung einhergeht. Schmierstoffe mit Additiven
reihen sich in einem Streubereich ein. Legierte Mineralöle führen bei
gleicher Viskosität zu einer niedrigeren Adhäsionsneigung, was für
wasserlösliche Schmierstoffe nicht generell behauptet werden kann.

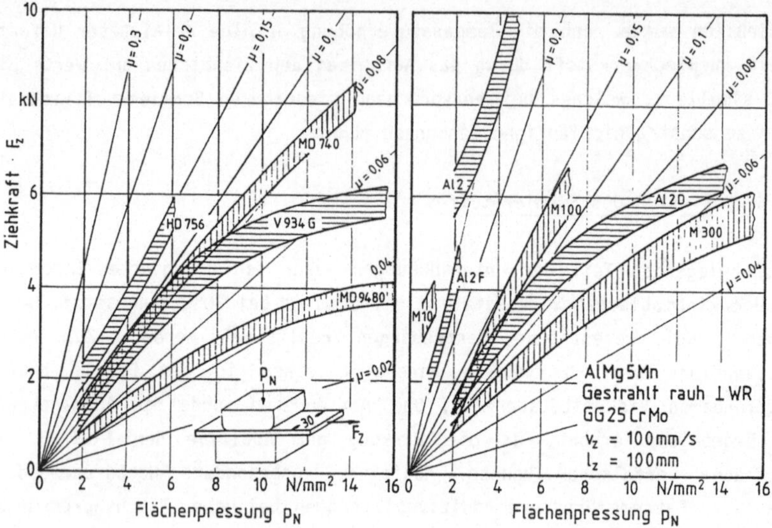

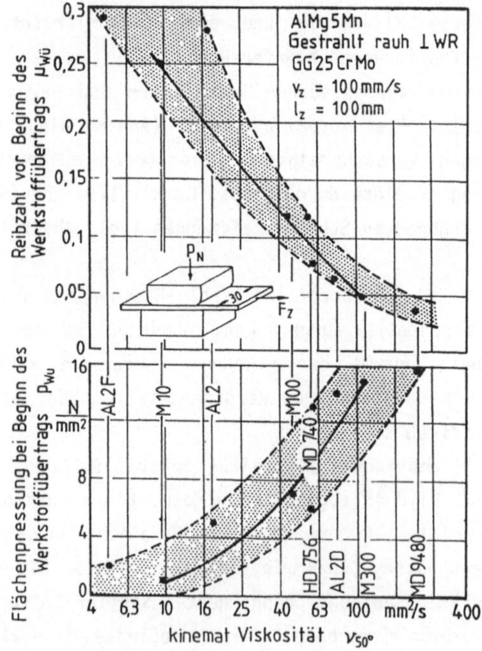

Bild 45: Einfluß des Schmierstoffs und der Viskosität auf das Reibungs- und
Adhäsionsverhalten.

Auch Fukui und Murata /86, 87/ stellten einen dominierenden Einfluß der Viskosität fest. Vor allem bei niedrigviskosen Schmierstoffen und kleinen Ziehgeschwindigkeiten nimmt die Additivierung eine zunehmende Bedeutung ein. Diese Tendenz wurde auch von Mössle vermutet /35/.

Angaben aus der Literatur über geeignete Schmierstoffe für das Ziehen von Aluminiumlegierungen sind z.T. widersprüchlich. Aus verschiedenen Gründen (Entfernbarkeit, Ökonomie, Ökologie, Ergonomie) wird aber der Einsatz von niedrigviskosen Schmierstoffen, vergleichbar mit denen für die Stahlblechumformung, angestrebt /75/.

Die tribochemischen Abläufe in der Wirkfuge werden von mehreren Autoren /32, 88 bis 91/ besprochen. Dabei kommt deutlich zum Ausdruck, daß vorwiegend den Fettsäuren, die bei tribochemischen Reaktionen Metallseifen bilden und den Polymerschichten (insbesondere bei Mineralölen) - durch die sogenannte Chemisorption an der Oxidhaut anhaftend - beim Aluminiumziehen eine entscheidende Rolle zukommt. Durch die Additivierung erreicht man eine Verbesserung der polaren Haftgruppen infolge der Reaktion der chemischen Verbindungen der Aluminiumrandschicht mit dem Schmierstoff. Aus den vorliegenden Ergebnissen kann dies dadurch bestätigt werden, daß Hochdruckzusätze bei hohen Flächenpressungen zu einer Senkung der Reibzahl führten. Neben diesen tribochemischen Vorgängen in der Wirkfuge beeinflußt - wie schon angedeutet - die Viskosität des Schmierstoffes vor allem das Einglättungsverhalten. So kann das Verhalten der unlegierten Schmierstoffe (Bild 45) anhand der Zusammenstellung aus Bild 46 wie folgt interpretiert werden: Die relative Rauheitsänderung (Einglättung) nimmt mit zunehmender Viskosität ab. Dieser Effekt wird umso deutlicher, je höher die Flächenpressung ist. Umgekehrt bedeutet dies zusammen mit den Ergebnissen aus Abschnitt 5.1.1, daß beim Einsatz von dünnflüssigen Schmierstoffen das Einglättungsvermögen hinreichend groß sein muß, um die gewünschten Mikrodruckströmungen in die Mikrogleitflächen hinein erzeugen zu können. Dies bedeutet weiter, daß beim vorgesehenen Einsatz von dünnflüssigen Schmierstoffen der Oberflächenfeingestalt des Bleches eine umso größere Bedeutung zukommt.

Für die unlegierten Mineralöle und für die leicht zu Werkstoffübertragungen neigende Oberfläche Gestrahlt rauh läßt sich unter Verwendung der Ergebnisse aus Abschnitt 5.1.3 eine Zuordnung zwischen Reibzahl, Flächenpressung, Ziehgeschwindigkeit und kinematischer Viskosität darstellen (Bild 47). Die Reibzahl sinkt mit zunehmender Ziehgeschwindigkeit und Viskosität. Bei kleinen Flächenpressungen und höherer Viskosität dominieren

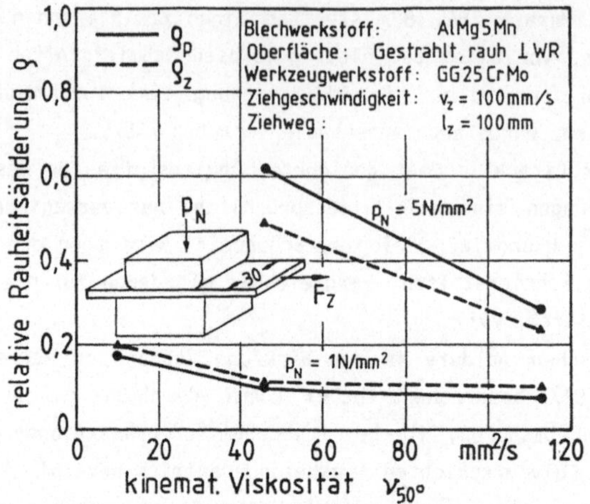

Bild 46: Abhängigkeit der Oberflächenwandlung von der Viskosität des Schmierstoff.

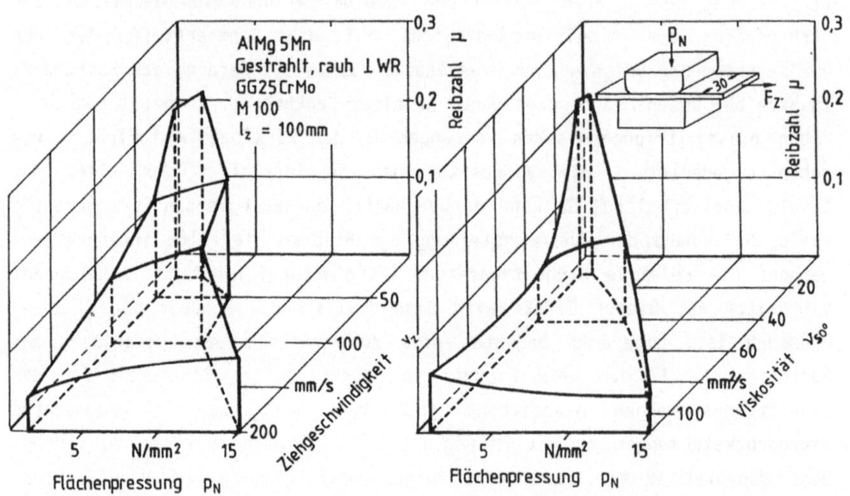

Bild 47: Einfluß von Flächenpressung, Ziehgeschwindigkeit und Viskosität auf die Reibzahl.

strömungsmechanische Einflüsse, was sogar zu einer Erhöhung der Reibzahl führen kann.

Unmittelbaren Einfluß auf die Schmierstoffviskosität übt die Temperatur aus, die sich je nach Ziehgeschwindigkeit, Flächenpressung, Ziehweg und Oberfläche (Abschnitt 5.1.4) in der Wirkfuge einstellt. Beim Tiefziehen kommen noch Einflüsse von seiten der Formänderung, Umformarbeit und

Hubfolgezeiten hinzu. Zur Abklärung sollte diesbezüglich das Viskosität-Druck-Temperatur-Verhalten (VTD-Verhalten - vgl. Anhang All) des jeweiligen Schmierstoffes herangezogen werden. Im Ziehwerkzeug muß schließlich mit Temperaturen von 20°C bis über 60°C je nach Benutzungsdauer und Werkzeugstelle gerechnet werden /39/. Dem viskositätsabsenkenden Einfluß der Temperatur gegenläufig wirkt sich eine Druckerhöhung aus, allerdings nur in milderer Form (vgl. Anhang All). Ergänzend soll erwähnt werden, daß in den Makroschmierstofftaschen Drücke bis 200 bar gemessen wurden /20, 39/.

5.1.6 Einfluß von Werkzeugstoff und Oberflächenbehandlung

Ziel dieser Versuchsreihe war es, Aussagen über das Reibungs- und Adhäsionsverhalten bei Variation der Reibpartner und damit Variation der metallischen Affinität zu erhalten. Nach Rücksprache mit Herstellern von Ziehwerkzeugen wurden die in Bild 48 beschriebenen Ziehbacken eingesetzt. Ziehbackenpaare aus Kaltarbeitstahl 1.2601 (X 165 CrMoW 12) wurden durch die Verfahren Randschichthärten bei 1000°C, Badnitrieren bei 580°C, Borieren bei 980°C und Anlassen bei 250°C, elektrolytisches Hartverchromen bei 100°C, TiC-TiN-Beschichten bei 1000°C und Anlassen bei 180°C (Schichtdicken: 4 µm TiC, 1 µm TiN) oberflächenbehandelt. Als weitere Werkstoffe dienten der Chrom-Molybdän-Sonderguß 0.6025 (GG 25 CrMo) im unbehandelten und ionitrierten Zustand (Plasmaionitriern bei 570°C). Ferner wurde der

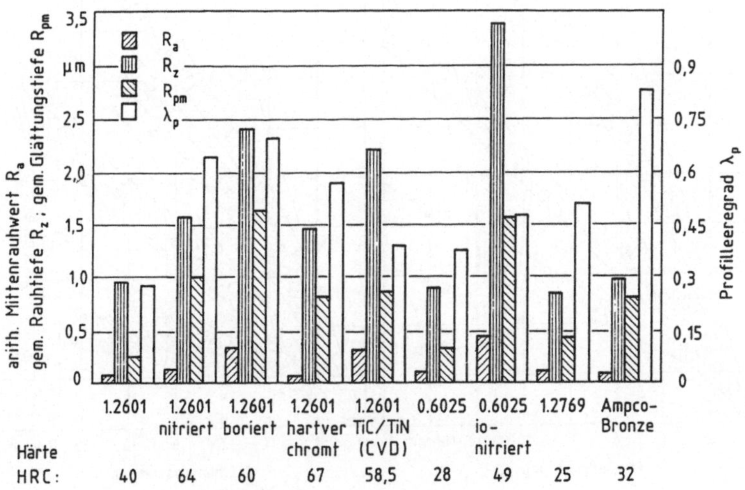

Bild 48: Oberflächenmaßzahlen und Härte der Ziehbacken.

legierte Prägestahlguß 1.2769 (GS 45 CrNiMo 4 2) und die Aluminium-Mehr-stoffbronze Ampco 25 für Streifenziehversuche herangezogen.

Zunächst läßt sich festhalten, daß durch eine Oberflächenbehandlung die Rauheit der Backengleitflächen zunimmt. Diese Rauheitszunahme läßt sich durch Nachpolieren nicht egalisieren, da man u.a. Gefahr läuft, die Randschichten, z.B. bei TiC/TiN zu verletzen.

Bild 49 gibt exemplarisch anhand der Blechoberfläche Gestrahlt fein die erzielten Ergebnisse wieder. In groben Zügen läßt sich herauslesen, daß eine Rauheitszunahme eine Reibzahlerhöhung nach sich führt.

Ziehbacken aus CrMo-Sonderguß (0.6025) führten im Vergleich zu 1.2601 oder 1.2769 (G 45 CrNiMo 4 2) zu höheren Reibzahlen und bereits bei kleinen Flächenpressungen zu Adhäsionserscheinungen. Durch Ionitrieren läßt sich die Adhäsionsneigung senken. Der Stahlguß 1.2769 ermöglichte im Vergleich zum Werkzeugstahl 1.2601 eine Verringerung der Adhäsionsneigung bei etwa gleicher Reibzahl. Hierfür könnte der höhere Profilleeregrad des Stahlgus-ses gegenüber dem des Werkzeugstahles bei sonst ähnlichen Werkstoffeigen-schaften verantwortlich gemacht werden. Mit Ausnahme des hartverchromten

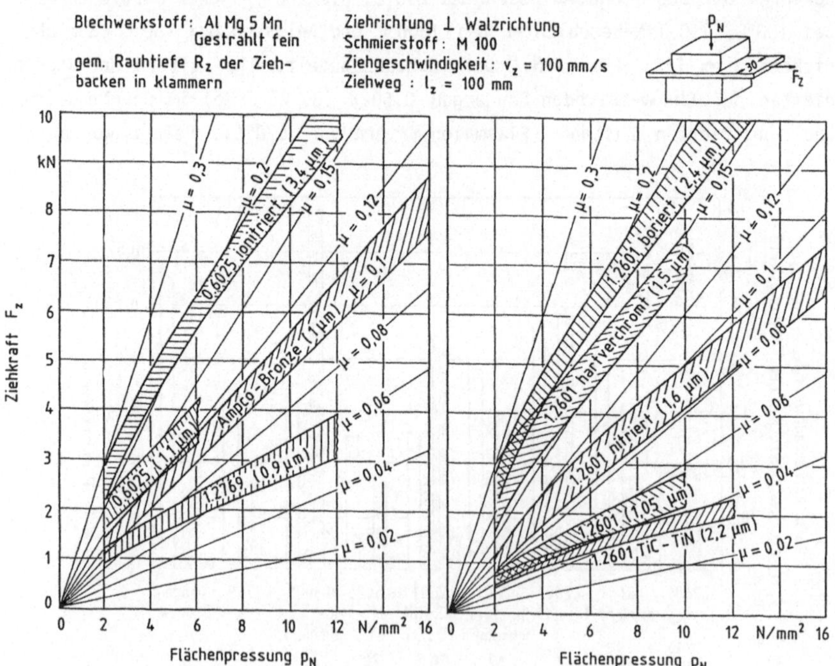

Bild 49: Einfluß von Werkzeugstoff und Oberflächenbehandlung auf das tribologische Verhalten.

Werkzeugstahles bewirkten alle untersuchten Oberflächenbehandlungsverfahren eine Senkung der Adhäsionsneigung. Im vorgegebenen Meßbereich konnte mit den nitrierten und borierten Ziehbacken keine Adhäsionserscheinung ausgemacht werden, was vermutlich auf deren nichtmetallischen Schichtaufbau zurückzuführen ist. Die Aluminium-Mehrstoffbronze zeigte ebenfalls keine Adhäsionserscheinungen und eine konstante Reibzahl unabhängig von der Flächenpressung. Dieses günstige Verhalten verblüfft umsomehr, da man metallischen Werkstoffen mit gleichen Legierungsbestandteilen eine hohe gegenseitige Affinität nachsagt. Ein Grund für das günstige Verhalten könnte allerdings der sehr große Profilleeregrad darstellen, den auch Mössle /35/ zur Interpretation seiner Ergebnisse heranzog. Deutlich wird jedoch, daß die Härte der Randschicht keine Hinweise auf das Reibungs- und Adhäsionsverhalten gibt. Vielmehr scheinen auch hier Rauheit und Profilform einen entscheidenden Einfluß auf die Adhäsionsneigung der Werkzeugoberflächen auszuüben. Hierzu ergänzend fand Woska /33/ heraus, daß unterhalb einer Werkzeugrauhtiefe von $R_z \leqslant 1$ µm keine signifikante Verbesserung des Reibungsverhalten zu erzielen ist.

5.2 STREIFENZIEHEN MIT UMLENKUNG

Analog zum Tiefziehen mit Niederhalter, allerdings ohne Zug-Druck-Beanspruchung im Flanschbereich, lassen sich beim Streifenziehen mit Umlenkung Betrachtungen mit Modellcharakter zur gebundenen Oberflächenwandlung durchführen. Gekennzeichnet wird dies durch das Wechselspiel Einglättung unter dem Niederhalterausschnitt, Aufrauhung infolge Formänderung im Ziehringradiusbereich bei gleichzeitiger ziehringseitiger Einglättung und schließlich freier Oberflächenwandlung (Aufrauhung) nach der Rückbiegung im angenommenen Zargenausschnitt. Dementsprechend mußten nun Überlegungen aus den Unterkapiteln 4.1 und 5.1 verknüpft werden. Die Versuchsparameter waren neben den verschiedenen Oberflächenqualitäten der Ziehkantenradius und der Einsatz von Ziehleisten. Ermittelt wurde die Oberflächenwandlung (R_z, R_{pm}) und beim Streifenziehen ohne Ziehleisten zusätzlich die Reibzahl aus dem Ziehkraftverlauf.

5.2.1 Oberflächenwandlung beim Streifenziehen mit Umlenkung

Zur quantitativen Abschätzung der Reibungsverhältnisse wurde die fiktive Reibzahl μ_f eingeführt, die summarisch die Reibung unter dem Niederhalter und entlang dem Ziehradius berücksichtigen sollte.

In Anlehnung an Siebel und Panknin /92/ sowie Woska /33/ setzt sich die Ziehkraft beim Streifenziehen mit Umlenkung wie folgt zusammen:

$$F_{Ges} = F_{id} + F_{rb} + F_{RN} + F_{RZ}$$

Die Summe aus der ideellen Umformkraft F_{id} und der zum Biegen benötigten Kraft F_{rb} wurde in Vorversuchen für die einzelnen Oberflächenqualitäten und Ziehkantenradien ermittelt. Dazu wurden die Blechstreifen beidseitig mit Kunststoffziehfolie beklebt und zusätzlich mit hochwirksamem Schmierstoff versehen, was zum Ausschalten des Oberflächeneinflusses führte und gleichzeitig eine Reibzahl $\mu \leqslant 0{,}01$ ergab. Die so gemessene Kraft F_B enthält die werkstoffbedingten Kraftanteile F_{id} und F_{rb}. Mit der Reibkraft unter dem Niederhalter

$$F_{RN} = 2 \, \mu_f \, F_N$$

und der Reibkraft entlang dem Ziehkantenradius

$$F_{RZ} = F_{RN} \, (\exp(\mu_f \tfrac{\pi}{2}) - 1)$$

wird die Gesamtkraft zu

$$F_{Ges} = F_B + 2 \, \mu_f \, F_N \, \exp(\mu_f \tfrac{\pi}{2})$$

Mit Hilfe eines Rechenprogramms konnte nun iterativ die Reibzahl μ_f ermittelt werden.

Aus der Zusammenstellung in Bild 50 gehen die so ermittelten Reibzahlverläufe getrennt nach Legierung und Ziehrichtung hervor, wobei der Abbruch der Schraffur den Beginn von Adhäsionserscheinungen kennzeichnet.

Zwei wesentliche Unterschiede zum Verhalten der Bleche beim Streifenziehen ohne Umlenkung (Bild 31) lassen sich entnehmen. Die Oberfläche Erodiert zeigte nun mit die größten anfänglichen Reibzahlen, die bei größer werdenden Niederhalterdrücken rückläufig waren. Vermutlich können bei kleinen Flächenpressungen die gewünschten plasto-hydrodynamischen Mikro-druckkammerschmierungseffekte gemäß Abschnitt 5.1.1 nicht entstehen, da eine Aufrauhung im Ziehbackenradius stattfand und der Schmierstoff entweichen konnte oder auch in nicht mehr ausreichender Menge zur Verfügung stand. Höhere Flächenpressungen (Bild 51) sorgen unter Umständen vorteil-haft für die Entstehung von Mikrodruckkammern und lassen eine Aufrauhung nicht so stark zum Tragen kommen. Mit dieser Argumentation kann im Grunde

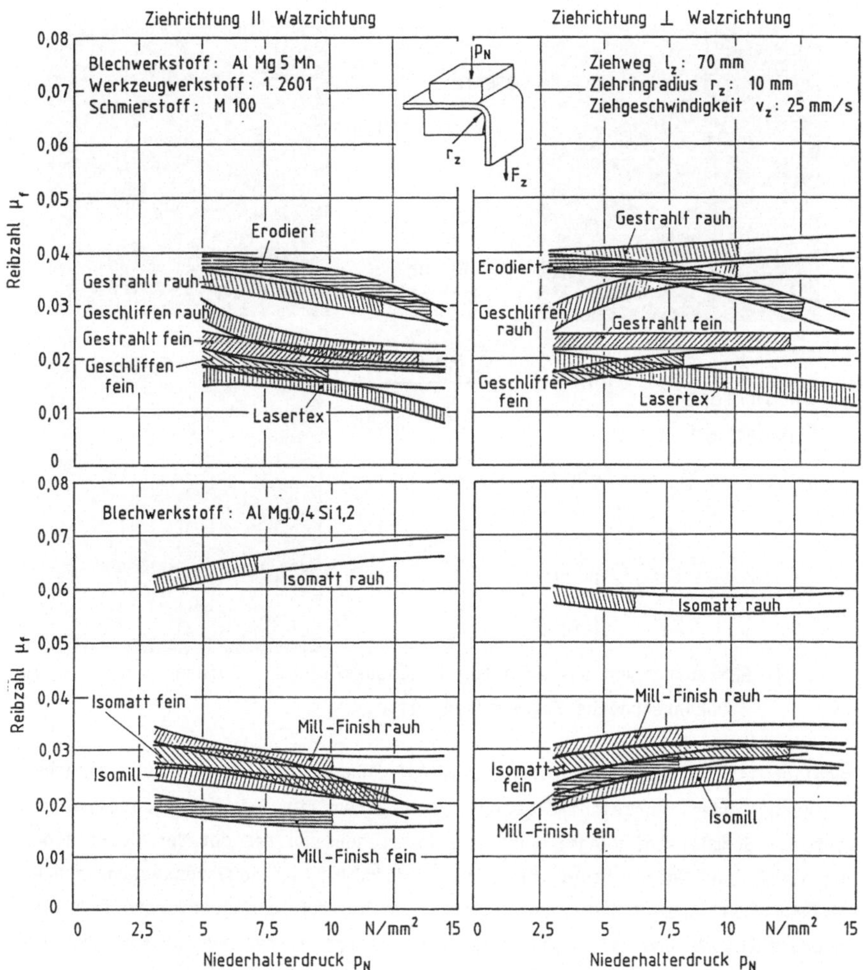

Bild 50: Streifenziehen mit Umlenkung: Reibungs- und Adhäsionsverhalten.

auch der Reibzahlverlauf der quasi-isotropen Oberflächen erklärt werden,
der in den meisten Fällen annähernd gleichbleibende oder abnehmende Tendenz
zeigte.

Der zweite wesentliche Unterschied bestand in der deutlichen Ausnahmeer-
scheinung, die die gerichteten Oberflächen bildeten. Beim Ziehen senkrecht
zur Walzrichtung erfuhren diese Oberflächen mit zunehmender Flächenpressung
eine Reibzahlerhöhung. Dies deutet darauf hin, daß beim Ziehen senkrecht
zur Walzrichtung mit einhergehender Einglättung der Schmierstoff in den
Tälern nach links und rechts entweichen kann, und damit kein Druckaufbau

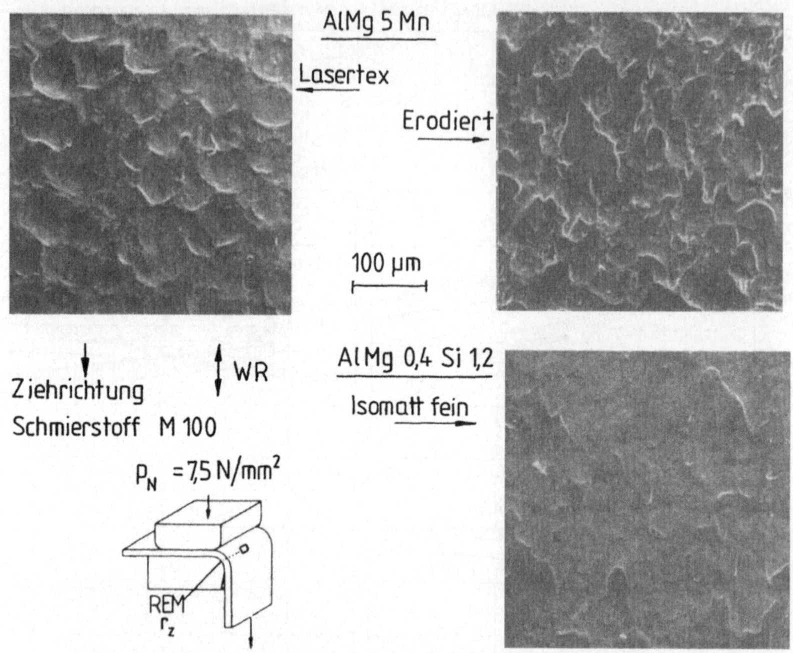

Bild 51: REM-Aufnahmen ausgewählter Blechoberflächen, Aufnahme an der dem Ziehkantenradius zugewandten Seite.

möglich ist. Zusätzlich entsteht eine Aufrauhung, die dann vorzugsweise bei feineren oder ungleichmäßigeren Oberflächen zu Adhäsionserscheinungen infolge Schmierstoffmangel führt. Beim Ziehen von gerichteten Oberflächen parallel zur Walzrichtung fiel die Reibzahl, und Adhäsionserscheinungen traten erst später auf, ein Zeichen dafür, daß der Schmierstoff besser eingeschlossen und gehalten wurde. Die zuletzt getroffene Annahme ist ein sehr entscheidendes Kriterium, da - wie aus Bild 52 ersichtlich wird - die Aufrauhung im Ziehkantenradius die dominierende Rolle spielt. Beim Ziehen ohne Folie findet im Flanschbereich zunächst eine Einglättung statt. Weiter in der Ziehkante rauht dann die Oberfläche deutlich auf, ohne dabei aufzuplatzen, wie REM-Aufnahmen belegen können (Bild 51). Zwischen Meßpunkt 1 und Meßpunkt 2 in Bild 52 erreichen die Oberflächen in manchen Fällen größere Rauheitszunahmen als beim Ziehen mit Folie. Als vorteilhaft erweist sich auch hier die Eigenschaft einer Blechoberfläche, bei Formänderung nicht zu stark aufzurauhen (Gestrahlt fein, Isomatt fein, Lasertex), da sonst die in die Wirkfuge transportierte Schmierstoffmenge evtl. nicht ausreicht.

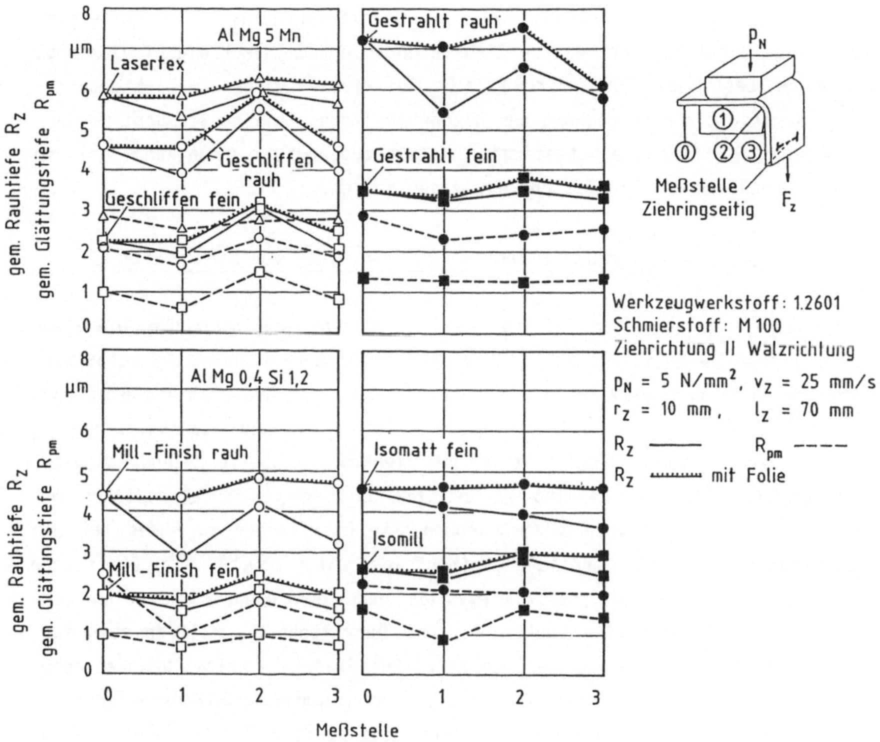

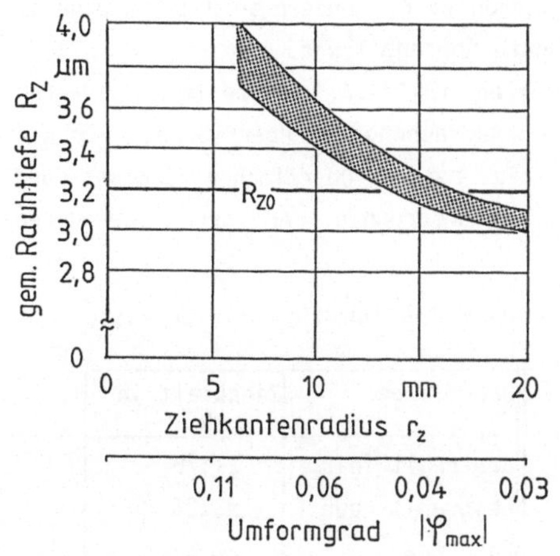

Bild 52: Rauheitsänderung beim Streifenziehen mit Umlenkung.

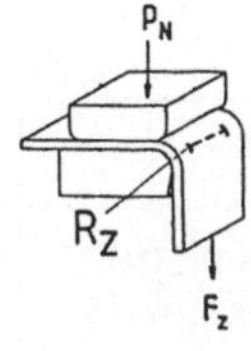

Bild 53: Einfluß des Ziehkantenradius auf die Rauheitsänderung.

Der Einfluß der Formänderung bzw. des Ziehkantenradius (Bild 53) ergibt sich wie folgt: Bei sehr großen Ziehkantenradien dominiert die Einglättung. Ab einer bestimmten Formänderung, d.h. bei kleiner werdenden Ziehkantenradien dominiert die Aufrauhung der Blechoberfläche. Es kann vermutet werden, daß jeder Oberfläche ein bestimmter Radius zugeordnet werden kann, bei dem sich Aufrauhung und Einglättung die Waage halten.

5.2.2 Streifenziehen mit Umlenkung unter Einsatz von Ziehleisten

In dieser Versuchsreihe sollte geklärt werden, wie sich die einzelnen Oberflächen beim Einsatz von Ziehleisten im Niederhalterbereich verhalten. Mit dem Werkzeug gemäß Bild 7 wurden Streifen der Breite b = 100 mm über einen Ziehweg von l_Z = 30 mm und bei einem Niederhalterdruck von p_N = 1,5 N/mm² gezogen. Ermittelt wurden Ziehkraft (Tabelle 2) und Rauheitsverteilung (Bild 54). Analog zu den Ergebnissen vom Streifenziehen mit Umlenkung und ohne Ziehleisten nehmen die Oberflächen in Bezug auf den Ziehkraftbedarf eine ähnliche Reihenfolge ein. Obwohl die Oberfläche Lasertex der Oberfläche Gestrahlt rauh nach den Rauheitsmaßzahlen vergleichbar und wesentlich rauher als die Oberfläche Geschliffen fein ist, benötigt sie mit die kleinste Ziehkraft. Für dieses Verhalten könnten neben dem schon erwiesenen Aufbau des plasto-hydrodynamischen Mikroschmierstoffdruckkammer-Effektes auch die kleineren. Unterschiede bei der Rauheitsänderung verantwortlich gemacht werden. Die Oberfläche Erodiert glättete auf der Außenseite bis zum Meßpunkt 4 (Bild 54) stark ein, was nicht nur durch plastomechanische Vorgänge erklärt werden kann, sondern auch durch eine im Vergleich zu anderen Oberflächen erhöhte Abriebbildung.
Im durchgezogenen Bereich der Streifen (Bild 54, Meßstelle 5) führten Rückbiegung und Längsdehnung zu einer Aufrauhung der Oberflächen. Für die Legierung AlMg 0,4 Si 1,2 zeigten die beiden Oberflächen Isomatt und Isomill das engere Band an Rauheitsänderungen. An der sogenannten

Tabelle 2: Ziehkräfte beim Streifenziehen mit Umlenkung und Ziehleiste.

Oberfläche	Ziehkraft in kN	Oberfläche	Ziehkraft in kN
Geschliffen fein	21,5	Gestrahlt fein	21,75
Geschliffen rauh	23	Gestrahlt rauh	23,25
Erodiert	25,25	Lasertex	22

Innenseite ergaben sich für die vorwiegende Zahl der Oberflächen entsprechend der Reihenfolge der Meßpunkte umgekehrte Verhältnisse. Vor allem nach dem Durchlaufen der Ziehleiste an Meßpunkt 3 lagen für die Oberflächen Mill-Finish fein und rauh überaus hohe Rauheitszunahmen vor, was folglich dort auf eine hohe Gefahr in Bezug auf Werkstoffübertragungen hindeutet.

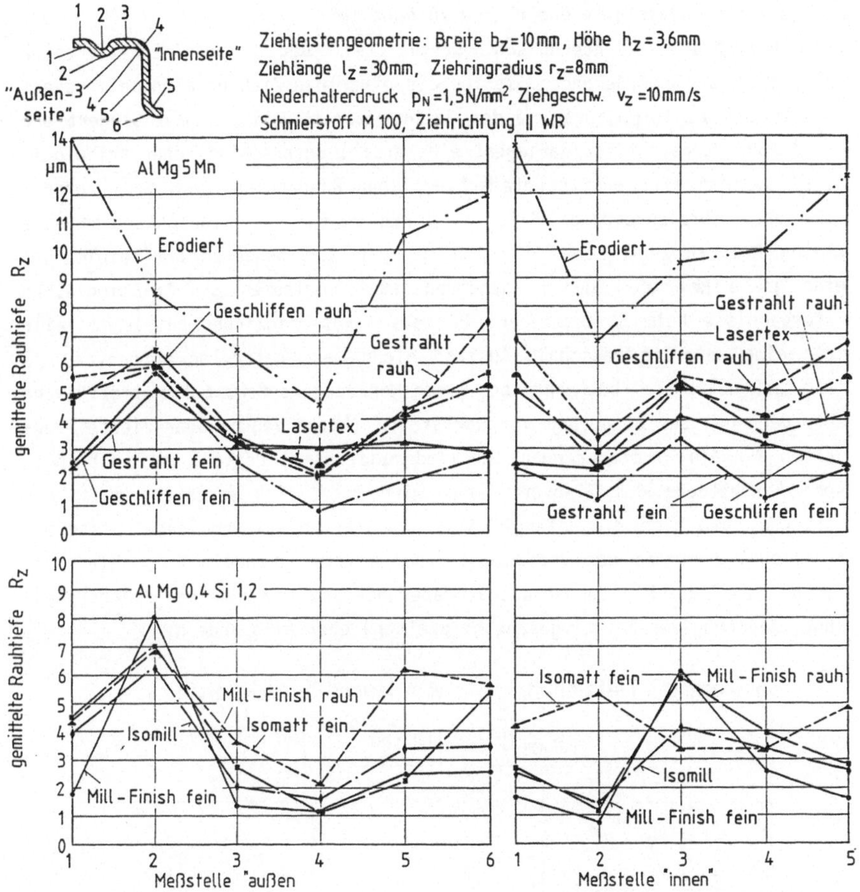

Bild 54: Rauheitsänderung beim Streifenziehen mit Umlenkung und Ziehleiste.

Aufbauend auf Überlegungen und Ergebnissen aus den Kapiteln 4 und 5 soll in den nachfolgenden Abschnitten das Verhalten der einzelnen Oberflächen beim Ziehen von Bauteilen analysiert werden, mit dem Ziel, Hinweise auf die ziehtechnisch günstigste Oberfläche zu erhalten.

Die Bezeichnung "ziehtechnisch günstig" mit den daraus resultierenden tribologischen Anforderungen ist für die einzelnen Ziehverfahren allerdings individuell zu formulieren. Jedes Ziehverfahren besitzt, wie Siegert und Thoms /39/ übersichtlich darlegen, eine Anzahl unterschiedlicher tribologischer Systeme mit jeweils unterschiedlichen Randbedingungen. So erfordert z.B. der Tiefziehvorgang (Bild 55, linke Hälfte) im Flanschbereich eine kleine Reibzahl, im Stempelbereich dagegen zur besseren Krafteinleitung eine große Reibzahl. Genau entgegengesetzt verlaufen die tribologischen Erfordernisse beim Streckziehen. Für das Karosserieziehen komplexer Teile kann eine derartig pauschale Aussage nicht mehr getroffen werden, da je nach makroskopisch betrachteter Blech-Werkzeug-Kontaktstelle spezifische Anforderungen zur Steuerung von Werkstoff- (Nachfließen) oder Ziehteilverhalten (lokale Formänderungen, Rückfederung, usw.) gelten. Die tribologische Abschätzung des Ziehverhaltens wird zusätzlich erschwert durch die Tatsache, daß sich die anfänglich veranschlagten Reibungsverhältnisse mit zeitlichem Fortgang des Verfahrens infolge Formänderungen (z.B. Blechaufdickung im Flansch), Verfahrensparameteränderung (Zunahme der Flächenpressung, Änderung der Relativgeschwindigkeiten) ebenfalls ändern.

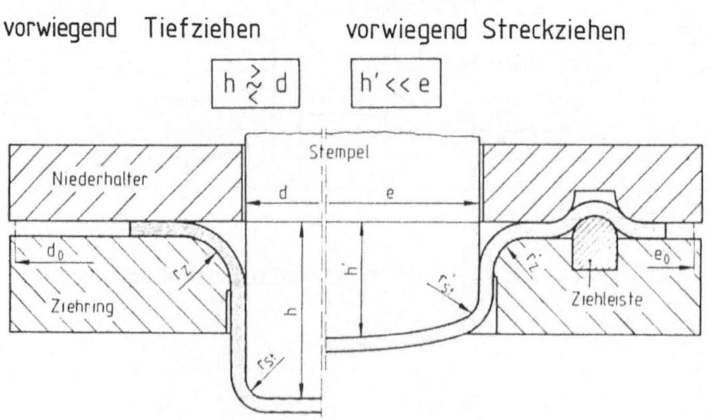

Bild 55: Verfahrenscharakteristik Tiefziehen/Streckziehen.

Gemeinsam für alle Verfahren gilt jedoch, daß das angestrebte Ziehergebnis mit einem größtmöglichen Maß an Fertigungssicherheit erreicht werden soll, was im unmittelbaren Sinn für die Tribologie die Aufrechterhaltung und Sicherstellung eines günstigen Mischreibungszustandes bedeutet. Ferner sollen hohe lokale Formänderungen ggf. durch günstiges Werkstoffnachfließen vermieden werden.

Ziehverhalten und Fertigungssicherheit der einzelnen Oberflächen sollen anhand von unterschiedlichen verfahrensspezifischen Kriterien sowie durch Rauheits- und Formänderungsanalysen in den nachfolgenden Abschnitten diskutiert werden.

6.1   TIEFZIEHTEIL MIT QUADRATISCHEM QUERSCHNITT UND EBENEN BODEN

Die nachfolgend beschriebenen Versuchsreihen zielten darauf ab, das Tiefziehverhalten der einzelnen Oberflächen anhand der maximal erreichbaren Ziehtiefen in Abhängigkeit von Niederhalterdruck und Ziehringradius zu ermitteln.

Gezogen wurde auf dem in Abschnitt 3.1 beschriebenen Werkzeug mit quadratischem Stempelquerschnitt (Kantenlänge 200 mm). Aus Vorversuchen und verschiedenen Randbedingungen ergab sich eine günstige Platinengeometrie mit einer Kantenlänge von 333 mm und mit um 70 mm abgeschnittenen Ecken.

Um einen gleichmäßigen Schmierstoffauftrag und für alle Platinen zunächst eine einheitliche Schmierstoffmenge gewährleisten zu können, wurde für die Versuchsreihen die in Abschnitt 3.1 beschriebene Sprüheinrichtung eingesetzt. Aus Untersuchungen von Fischer u.a. /79, 93/ geht hervor, daß für das vorliegende Rauheitsspektrum eine Schmierstoffmenge von ca. 5 g/m^2 als hinreichend angenommen werden kann.

Für alle Blechqualitäten kann aus Bild 56 eine Verringerung der Ziehtiefe mit zunehmendem Niederhalterdruck und abnehmendem Ziehringradius entnommen werden. Bei dem Niederhalterdruck p_N = 2 N/mm^2 und dem Ziehringradius r_Z = 15 mm war für alle AlMg 5 Mn-Oberflächenqualitäten ein faltenfreier Durchzug möglich.

Innerhalb der Versuchsreihe bei kleinen und mittleren Ziehringradien schnitten die Oberflächen Geschliffen fein, Gestrahlt fein und Lasertex durchschnittlich am günstigsten ab. Auffallend war das Verhalten der Oberfläche Geschliffen fein, die bei großen Ziehringradien, also bei langen Reibwegen verbunden mit Formänderungsbeanspruchung ungünstiger abschnitt. Dies kann ein Beleg dafür sein, daß die in die Wirkfuge hineintransportier-

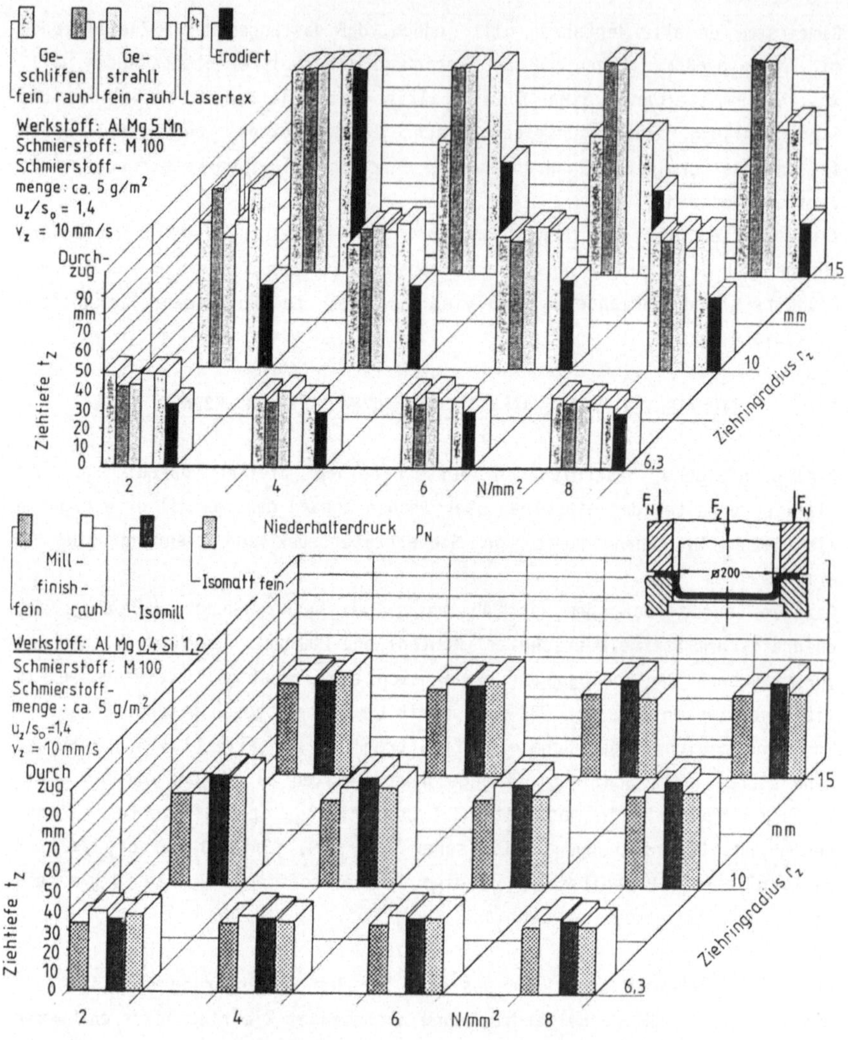

Bild 56: Tiefziehen quadratischer Teile: Einfluß von Niederhalterdruck und
Ziehringradius auf die maximal erreichbare Ziehtiefe.

te Schmierstoffmenge bei Aufrauhung nicht ausreicht und eine erhöhte
Reibzahl verursacht.

Wie schon beim Streifenziehversuch mit Umlenkung schnitten die Oberflächen
Erodiert und Gestrahlt rauh auch in dieser Versuchsreihe ungünstig ab, was

bei der Oberfläche Erodiert vermutlich auf den mangelnden Aufbau von Schmierstoffdruckpolstern und bei der Oberfläche Gestrahlt rauh auf die Ausbildung großer Mikrogleitflächen zurückzuführen ist.

Bemerkenswert war die Tatsache, daß selbst bei der Oberfläche Lasertex und bei den für diese Oberfläche kleinen Schmierstoffmengen noch ein relativ günstiges Verhalten festgestellt werden konnte.

Die Oberfläche Geschliffen rauh erreichte bei großen Ziehringradien ihre größten Ziehtiefen. Vermutlich können von dieser Oberfläche kleine und gleichmäßig verteilte Formänderungen entlang des Ziehringradius und des Niederhalters (keine zu großen Makrowelligkeiten durch örtliche Blechaufdickungen) besser ertragen werden, da der Schmierstoff lokal nicht entweichen kann. Ferner kann angenommen werden, daß der Haftreibungsanteil entlang dem Stempelradius bei rauhen Oberflächen mit großen Mikroflächentraganteilen eine Krafteinleitung besser ermöglicht. Dieser tribologische Wirkmechanismus scheint aber in dieser Versuchsreihe von untergeordneter Bedeutung zu sein, da bei hohen Flächenpressungen und kleinen Ziehringradien diesbezüglich keine Aussage mehr getroffen werden konnte.

Schließlich ist als weiterer interessanter Punkt aus der Darstellung herauszugreifen, daß größere Ziehringradien verbunden mit höheren Flächenpressungen zu einer deutlicheren Differenzierung des Oberflächeneinflusses führten. Das untermauert den schon aus vorangegangenen Überlegungen gezogenen Schluß, daß lange Gleitwege verbunden mit Zug-Druck-Formänderungen (höchste Rauheitszunahmen) die Tribologie in der Wirkfuge am intensivsten beanspruchen.

Bei der Diskussion der Ergebnisse der AlMg 0,4 Si 1,2-Blechqualitäten muß berücksichtigt werden, daß diese Bleche von unterschiedlichen Herstellern bezogen wurden und damit geringfügig unterschiedliche Werkstoffeigenschaften aufwiesen. Beim Vergleich der für das Tiefziehen aussagefähigen Anisotropiewerte (Anhang A5) zeigen sich jedoch nur minimale Differenzen. Etwas aus der Reihe fällt die Isomill-Qualität, auch wegen der niedrigeren Fließspannung. Dennoch kann festgestellt werden, daß die Isomill-Oberfläche bei hohen Niederhalterdrücken und insbesondere beim Ziehringradius r_Z = 10 mm günstig abschnitt.

Die Oberfläche Mill-Finish rauh erbrachte beim Ziehringradius r_Z = 6,3 mm die größten Ziehtiefen. Die Oberfläche Isomatt wies bei kleineren Niederhalterdrücken höhere Ziehtiefen auf. Die Oberfläche Mill-Finish fein, welche die höchste mittlere Fließspannung aufwies, schnitt bei allen Parameterkombinationen am schlechtesten ab.

Vergleicht man schließlich noch die Ergebnisse der beiden Legierungen untereinander, so zeigt sich wie erwartet, daß die Blechqualitäten der naturharten Legierungen durchschnittlich ca. 50 % höhere Ziehtiefen ermöglichten und in verschiedenen Fällen sogar ein Durchzug erreicht wurde. Die bzgl. der Ziehtiefe bei kleinstem Radius und höchstem Niederhalterdruck umgekehrt vorliegende Tendenz bei gerichteten Oberflächen von aushärtbaren Legierungen deutet auf den Einfluß der Oberflächenrandschicht hin. Die naturharten Legierungen verfügen über eine dickere und porösere Randschicht, die sich besser in der Lage zeigte, Schmierstoff zu absorbieren, um bei extremen Bedingungen ihre "Notlaufeigenschaften" in den Mikrogleitwegen vorteilhaft zur Geltung bringen zu können. Die Oberfläche Mill-Finish fein reagierte dagegen wesentlich empfindlicher, falls bei hohen Flächenpressungen Aufrauhungen durch Formänderungen einsetzten (vgl. auch Ergebnisse Streifenziehen mit Umlenkung, Abschnitt 5.2).

6.1.1 Formänderungs- und Rauheitsverteilung

Zur Klärung und Absicherung der genannten Folgerungen wurde an kritischen Bereichen die Rauheits- und Formänderungsverteilung aufgenommen. Bild 57 zeigt stellvertretend auch für die AlMg 0,4 Si 1,2-Oberflächenqualitäten die ermittelten Maßzahlen. Dabei wurde über die Ziehteildiagonale gemessen, welcher wegen der Zug-Druck-Beanspruchung und damit der höheren Flanschaufdickung im Eckenbereich (Meßstelle 6) sowie wegen der Einschnürungs- und Rißgefahr (Meßstelle 3 bis 5) die entscheidende Bedeutung zugemessen wurde. Auffällig ist die heftige Einglättung der Oberfläche Erodiert (Bild 57, rechts), was neben der hohen Ausgangsrauheit auf die Abriebbildung zurückzuführen ist, die besonders bei dieser Oberfläche verstärkt beobachtet wurde.
Gut auszumachen ist eine recht gleichmäßig verlaufende Rauheitsänderung der Oberflächen Lasertex, Geschliffen fein und Gestrahlt fein. Eine derartige Oberflächenwandlung wirkt sich offensichtlich günstig auf das Ziehverhalten aus.
Stellvertretend für die anderen Oberflächen unterlegt eine Serie von REM-Aufnahmen und Profilschrieben, ermittelt an der Lasertex-Oberfläche, die aufgetretenen Veränderungen (Bild 58). An Meßstelle 1 und 2 handelt es sich um freie Oberflächenwandlung mit geringfügiger Aufrauhung aber starkem Hervortreten von Kornverformungen und Randschichtaufbrüchen. Meßstelle 3 durchlief anfangs kurz den Ziehringradius und glättete dabei ein, wurde aber durch zunehmende Zugspannungen wieder aufgerauht, erkennbar auch an

den zum Teil aufgerissenen Mikrogleitflächen.

Für Meßstelle 4 gilt prinzipiell das gleiche, nur wurden insgesamt höhere Aufrauhungen erreicht, weil in der Formänderungsgeschichte die Druckspannungen in höherem Maße vorkamen.

In Meßstelle 5 dominieren die Druckspannungen an der Randschicht, da weniger aufgerissene Stellen und Kornverformungen entsprechend Meßstellen 1 bis 3 zu beobachten waren.

Das Erscheinungsbild der Meßstelle 6 ist vergleichbar mit dem beim Streifenziehen ohne Umlenkung, darüber hinaus sind kleine Falten und Überlappungen erkennbar, die auf zusammengeschobene Randschichten schließen lassen.

Die in Bild 57 (linkes Diagramm) aufgetragenen Formänderungsverteilungen zeigen für die Oberflächen Lasertex und Erodiert im rißgefährdeten Zargenbereich die kleinsten Formänderungsspitzen, was bei sonst gleichen Bedingungen auf eine größere Fertigungssicherheit hindeutet. Daraus läßt sich ableiten, daß der Werkstoff bei der Ziehtiefe von 45 mm hinreichend gut nachgeflossen ist. Die Krafteinleitung in die Zarge erfolgte gleich-

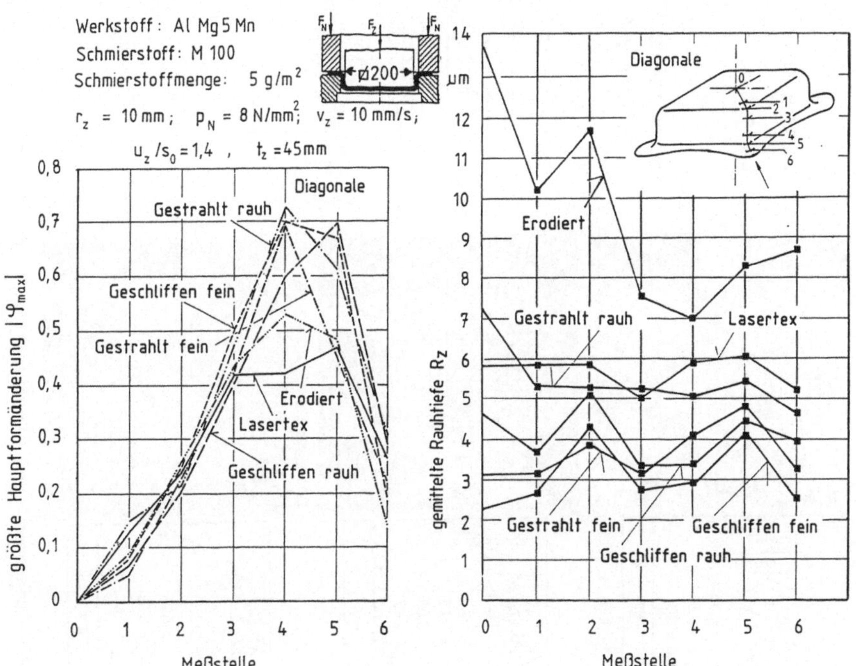

Bild 57: Formänderung und Rauheitsänderung beim Tiefziehen von quadratischen Teilen.

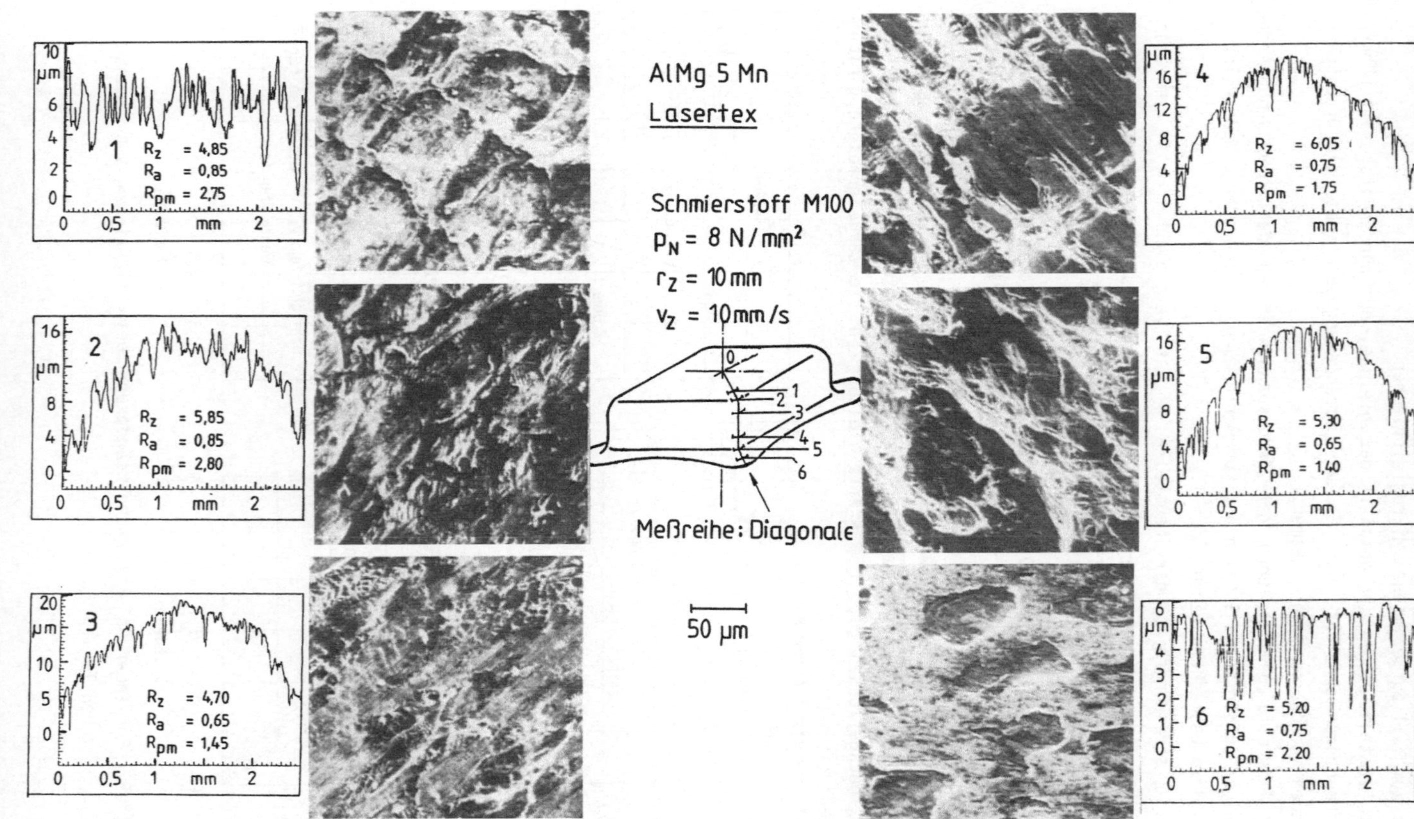

Bild 58: REM-Aufnahmen und Profilschriebe der Meßstellen entsprechend Bild 57.

mäßiger, was die Formänderungsanalyse in der Zargenmitte bewies. Für die Oberflächen Lasertex und Erodiert wurden bei den Meßstellen 5 bzw. 4 die höchsten Formänderungen ermittelt.

Da die Oberflächen Erodiert und Lasertex an der Meßstelle 1, verglichen mit anderen Oberflächen, die höchsten Formänderungen aufwiesen, setzte vermutlich infolge der niedrigeren Reibzahl ein ausgleichender Werkstofffluß über den Stempelradius ein.

Eine höhere Blechrauheit in Verbindung mit einer günstigen Rauheitsstruktur sorgt für ein gleichmäßiges Nachfließen in der Flanschfläche zum einen, und für eine Kompensation von Blechdickenunterschieden zum anderen, da nach vorliegenden Erkenntnissen ausgleichende Reibungsverhältnisse bestehen mußten.

Trotz der kleineren Formänderungsspitzen zeigte die Oberfläche Erodiert bei geringfügig zunehmender Ziehtiefe Versagen durch Zargenreißer. Vermutlich stieg bei nur wenig längeren Reibwegen infolge aussetzender Grenzschmierung der Reibkraftanteil sprunghaft an. Betrachtungen hierzu werden im übernächsten Abschnitt vorgenommen.

Zuvor wird im nächsten Abschnitt die Entwicklung der Makroflächenpressung im Flanschbereich geklärt, welche die Tribologie in starkem Maße beeinflußt.

6.1.2   Entwicklung der Flächenpressung im Flanschbereich

In vorangegangenen Ausführungen wurde bereits auf die Tatsache hingewiesen, daß sich der lokale Niederhalterdruck teilweise drastisch gegenüber dem Anfangsniederhalterdruck ändert. Die werkstückseitige Ursache dafür ist ein lokal unterschiedlicher Werkstofffluß, der durch unterschiedliche Formänderungen, Blechanisotropie, tangentiale Druckspannungen, Drang zur Faltenbildung und Biegereaktionskräfte am Ziehringradius zu aufgedickten Zonen, insbesondere in den Ecken und äußeren Flanschflächen bei den geraden Ziehteilseiten führt. Dies wurde auch von Grahnert /20/ ausführlich dargestellt.

Gezielte Betrachtungen zur Entwicklung der Flächenpressung im Flanschbereich fehlen, zumal sich jedes Werkzeug fertigungsbedingt durch Unebenheiten und Welligkeiten individuell verhalten wird.

Bild 59 zeigt für das eingesetzte Werkzeug das Zusammenwirken der Einflußgrößen. Danach legen sich die zu Beginn des Vorgangs quasi-planparallelen Werkzeugteile, d.h. Ziehring und Niederhalter an die noch nahezu ebenen Flanschbereiche an. Das Werkzeug kann sich den Formänderungen des Bleches

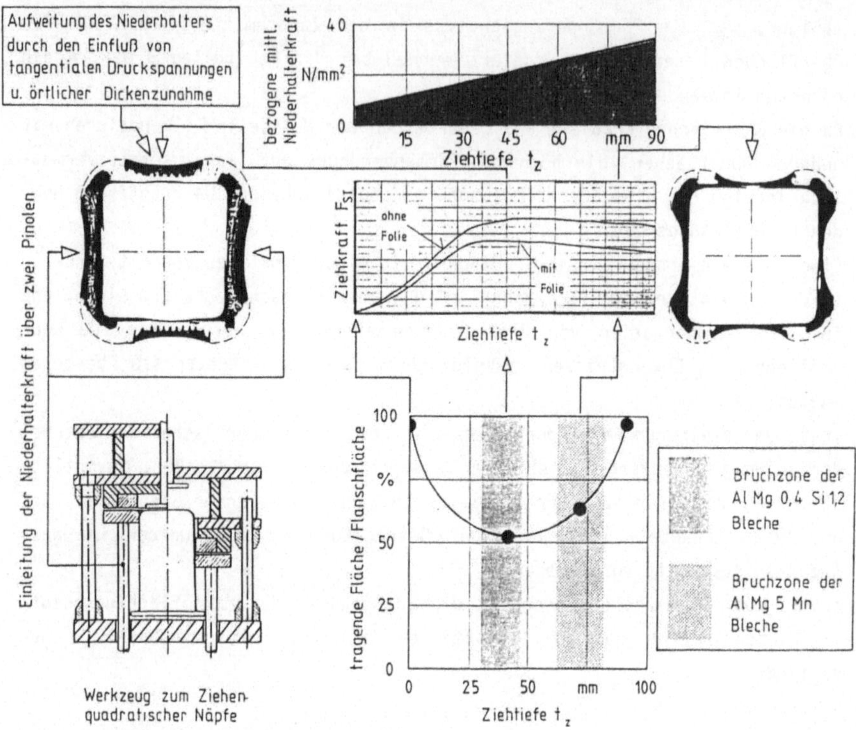

Bild 59: Vorgänge im Flanschbereich beim Tiefziehen, Einfluß von Werkzeug, Änderung der tragenden Flanschfläche.

nur teilweise elastisch anpassen, wodurch örtlich hohe oder sehr niedrige Flächenpressungen entstehen. Bereiche unterschiedlicher Blechdicken liegen teilweise scharf abgegrenzt nebeneinander. Bild 59 zeigt die Entwicklung der Resttragfläche im Flanschbereich gegenüber der tatsächlich projizierten Restfläche. Bei einem anfänglich eingestellten Niederhalterdruck von 8 N/mm² betrug die tragende Fläche bei einer Ziehtiefe von 45 mm nur noch ca. 50 %, bei einer Ziehtiefe von 70 mm wieder knapp 70 % der eigentlichen Flanschfläche. Mittels einer speziellen Druckmeßfolie /94/ konnte die Istverteilung der Flächenpressung quantitativ bestimmt werden. Das Bild 60 zeigt die Verteilung der Flächenpressungen. Deutlich werden die extremen Flächenpressungsunterschiede sichtbar. Hohe Flächenpressungen von über 25 N/mm² in den Ecken und Außenrändern der geraden Zieteilseiten grenzen direkt an Zonen sehr niedriger Flächenpressungen.

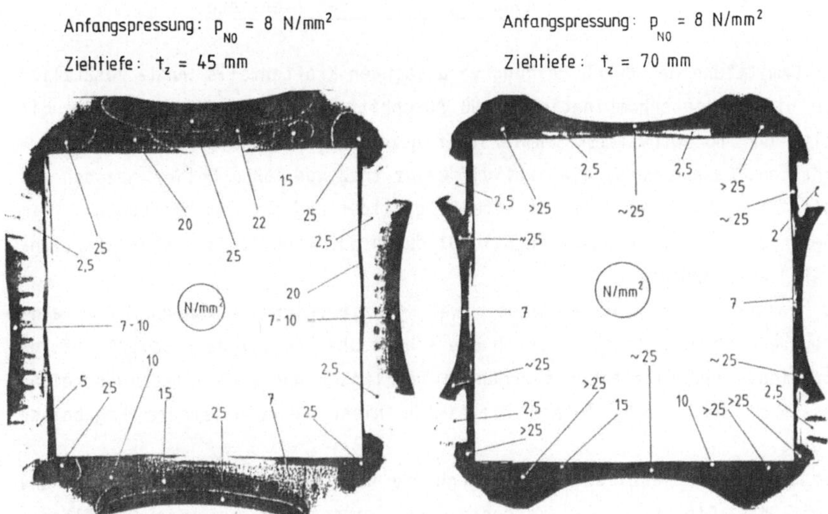

Bild 60: Niederhalterseitige Flächenpressungsverteilung im Flanschbereich beim Tiefziehen.

Zur Annäherung an die für das Tiefziehen geforderten einheitlichen Reibzahlen im Flanschbereich muß eine tribologisch günstige Oberfläche imstande sein, erstens die lokal hohen Flächenpressungen zu ertragen, und zweitens ausgleichend auf die Reibungsverhältnisse zu wirken, was zwingend bedeutet, den Schmierstoff in der Wirkfuge zu halten, um örtliches Abreißen des Grenzschmierfilmes zu verhindern.

Anhand der Bilder zur Entwicklung des Flächentraganteils (Anhang A9), der REM-Aufnahmen (Bild 11) und der erzielten Ergebnisse ergibt sich auf anschauliche Weise, daß die Oberflächen Geschliffen rauh und Gestrahlt rauh nicht in der Lage sind, Schmierstoff in Mikrotaschen zu halten, um Festkörperreibungsanteile zu verhindern. Für die Oberfläche Erodiert gilt das gleiche, nur daß die der Rauheit überlagerte Mikrorauheit (Gestaltabweichung höherer Ordnung) bis zu einem bestimmten Grad eine Art Notlaufeigenschaft verursacht.
Die gerichteten Oberflächen (Geschliffen fein und rauh) bewirken darüber hinaus unterschiedliche Reibungsverhältnisse senkrecht und parallel zur Walzrichtung.

6.1.3 Reibkraftanteil in Abhängigkeit von der Ziehtiefe

Zur Ermittlung des durch Reibung verursachten Kraftanteils wurde zusätzlich für die Parameterkombination gemäß Abschnitt 6.1.2 eine Versuchsserie mit Folie und hochwirksamem Schmierstoff gezogen, um Rauheitseinflüsse auszuschalten. Danach wurde die Kraftdifferenz (gezogen ohne Folie/ gezogen mit Folie) für die jeweiligen Ziehtiefen gebildet und auf den Kraftbedarf beim Ziehen ohne Folie bezogen, in Bild 61 durch das Verhältnis "Reibkraft/Ziehkraft" ausgedrückt.

Es lassen sich gewissermaßen zwei Grenzbereiche erkennen. Der eine Grenzbereich wird erreicht durch die sehr rauhe Oberfläche Erodiert infolge Abrasions- und Einglättungsvorgängen im Flansch und Ziehringradiusbereich, was auch schon bei kleinen Ziehtiefen nicht reproduzierbare Ergebnisse ergibt.

Die zweite Grenze bildet der sprunghafte Anstieg des Reibkraftanteils und damit das Einleiten des Zargenreißers. Dieses ist bei den Oberflächen Geschliffen rauh, Gestrahlt rauh und Geschliffen fein für die naturharten Blechqualitäten sowie Mill-Finish fein und Isomill bei den aushärtbaren Qualitäten zu erkennen.

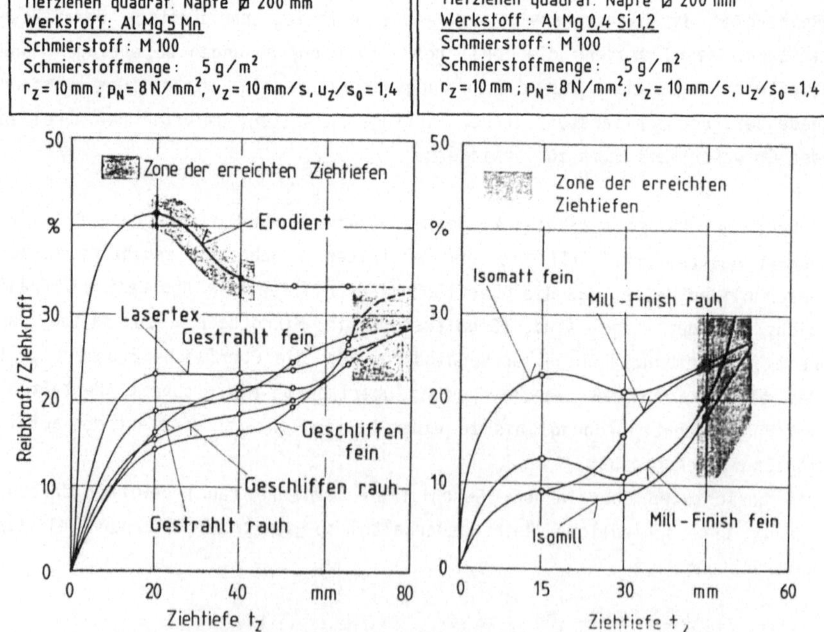

Bild 61: Anteil der Reibkraft beim Ziehen von quadratischen Teilen.

Die Oberfläche Lasertex zeigt über die ganze Ziehlänge einen konstanten
Reibkraftanteil, der verhältnismäßig hoch liegt, verglichen mit den
Ergebnissen des Streifenziehversuches. Beim Streifenziehen wurde jedoch mit
rauheitsabhängigen Schmierstoffmengen gezogen, was bei der vorliegenden
Versuchsreihe gezielt nicht der Fall war. Ergänzende Untersuchungen zeigten
für die Oberflächen Lasertex und Erodiert, daß sich bei einer Erhöhung der
Schmierstoffmenge auf Werte, wie sie beim Streifenziehen angewandt wurden,
auch eine Ziehtiefensteigerung erreichen läßt.

6.2 TIEFZIEHTEIL MIT KREISRUNDEM QUERSCHNITT UND EBENEM BODEN

Wie aus den vorangegangenen Abschnitten schon deutlich wurde, muß beim
Tiefziehen - makrogeometrisch betrachtet - mit einer Vielzahl von tribologischen Systemen infolge unterschiedlichen Flächenpressungen, Relativgeschwindigkeiten und Formänderungs- bzw. Oberflächenveränderungszuständen
gerechnet werden.
Nach den im Eingriff stehenden Werkzeugteilen lassen sich diese Tribosyste-
me übergreifend gliedern in Niederhalter-Ziehring-Systeme, Ziehringradius-
Systeme und Stempelradius-Systeme. Sehr unübersichtlich ist die tribologische Situation unter dem Niederhalter (Bild 62), da dort im Gegensatz zum
Ziehen von rechteckigen Teilen Zug-Druck-Beanspruchung (Drang zur Faltenbildung) /95/ und damit ein hohes Aufrauhungspotential vorliegt. Darüber
hinaus entstehen, wie in Abschnitt 6.1.2 nachgewiesen wurde, örtlich stark

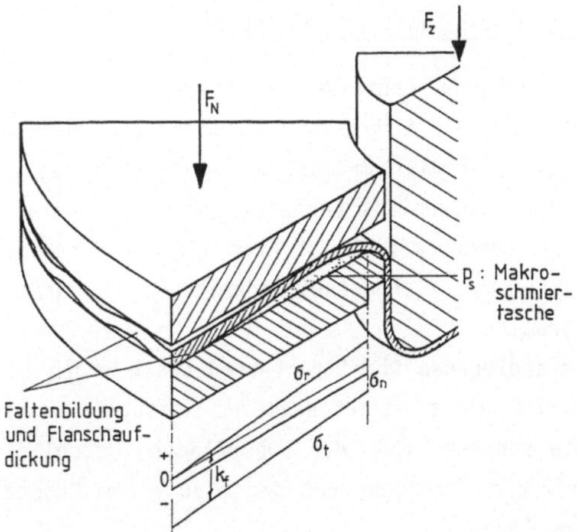

Bild 62: Entstehung von Makroschmiertaschen beim Tiefziehen infolge Faltenbildung und Blechaufdickungen.

unterschiedliche Blechaufdickungen. Bereiche die z.B. zunächst gebunden umgeformt wurden, können eine freie Aufrauhung erfahren, weil sie entweder ein Faltental oder eine Makroschmiertasche durchlaufen.

Weiter im Bereich des Ziehringradius erfolgt eine gebundene Oberflächenwandlung mit Zug-Druck-Biege-Beanspruchung im Blechwerkstoff, bei kleineren Radien mit dominierender Aufrauhung (vgl. Abschnitt 5.2).

Die Relativbewegung der Blechoberfläche im Stempelradiusbereich ist verglichen mit den Relativgeschwindigkeiten im Flansch- und im Ziehringradiusbereich klein. Die durchschnittliche Flächenpressung im Stempelradiusbereich mit maximal ca. 10 % der Fließspannung des Bleches ist gegenüber den lokal sehr hohen Flächenpressungen im Flanschbereich bis über 30 N/mm² ebenfalls verhältnismäßig klein.

Insgesamt gesehen lautet die Anforderung an die Tribologie im Flanschbereich: Bildung kleiner Reibzahlen bei hohen Niederhalterdrücken.

Im Ziehringradiusauslauf an besonders gegenüber Adhäsionserscheinungen gefährdeten Stellen soll das Aufrechterhalten von Grenzschmierfilmen unterstützt werden.

Im Gegensatz zu Flansch- und Ziehringradiusbereich begünstigen höhere Reibzahlen entlang dem Stempelradiusbereich die Ziehkrafteinleitung in die Zarge /12/.

In den nachfolgenden Abschnitten wird das Verhalten der untersuchten Oberflächenqualitäten bei den genannten gegensätzlichen Anforderungen diskutiert.

6.2.1   Ziehreserve in Anlehnung an Engelhardt

Aus Versuchen mit einfacher Kraft-Weg-Ermittlung und dem Ziehen mit und ohne Folie ergab sich für die AlMg 5 Mn-Qualitäten zunächst, daß der Anteil der Reibkraft im Ziehkraftmaximum bei ca. 15 % ±3 % lag. Die Parameter dieser Versuchsreihe lauteten: Ziehverhältnis ß = 1,8, relativer Ziehspalt u_Z/s_0 = 1,4, Niederhalterdruck p_N = 2,5 N/mm², Ziehringradius r_Z = 6,3 mm, Stempelradius r_{St} = 16 mm, Ziehgeschwindigkeit v_Z = 40 mm/s, Schmierstoff M 100, Spachtelauftrag.

Der Einfluß der verschiedenen Oberflächenstrukturen ergab sich bei diesem direkten Vergleich als nicht hinreichend nachweisbar, da die ermittelten Ziehkraftmaxima-Unterschiede von der Oberfläche Geschliffen fein bis Erodiert lediglich 2,2 % betrugen, und damit zu einem Großteil im Bereich des Gesamtmeßfehlers lagen.

Deshalb wurde, den Empfehlungen von Fischer u.a. /78, 79/ folgend, die Ziehreserve in Anlehnung an Engelhardt /96/ ermittelt, um ggf. eine feinere

Differenzierung des Oberflächenrauheitseinflusses vornehmen zu können.
Hierzu wurde gemäß Bild 63 vorgegangen: Mit den eingangs des Abschnittes genannten Parametern wurden die Blechqualitäten in einer Drei- bis Fünffach-Bestimmung geringfügig über das Ziehkraftmaximum hinaus gezogen. Anschließend wurde das Blech im Flanschbereich fest eingeklemmt, so daß kein Werkstoff mehr nachfließen konnte, um dadurch den Bodenreißer einleiten zu können.

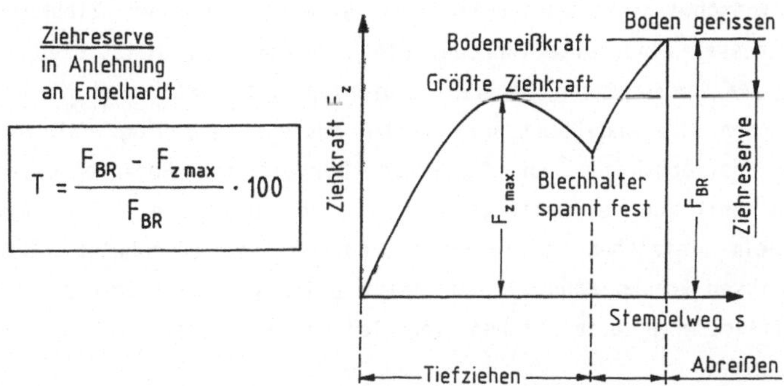

$$T = \frac{F_{BR} - F_{z\,max}}{F_{BR}} \cdot 100$$

Bild 63: Ermittlung der Ziehreserve in Anlehnung an Engelhardt.

Die in Prozent ausgedrückte Kraftdifferenz aus der Bodenreißkraft F_{BR} und der maximal erreichten Ziehkraft F_{Zmax} ist ein Maß für die in der Zarge noch übertragbare Kraft. Ist ein günstiges Nachfließen infolge kleiner Reibzahlen aus dem Flansch- und Ziehringradiusbereich möglich, so steigt die Ziehreserve; ebenso bei einer Erhöhung der Reibzahl im Bereich des Stempelkantenradius.
Auch nach den so erzielten Ergebnissen war es nicht möglich, die Oberflächen klar zu differenzieren, wie z.B. in Abschnitt 6.1. Nur die Oberfläche Erodiert konnte mit einer Ziehreserve von 23,7 % deutlich als am schlechtesten eingestuft werden. Die anderen AlMg 5 Mn-Oberflächen ergaben Ziehreserven von durchschnittlich 25 % mit einem Streubereich von 2 % bei einem Meßfehler von 1 %.

Als verantwortlich für dieses Verhalten wurden drei Gründe angenommen:
1. Die Flanschfläche war zu gering. Fischer u.a. /79/ zogen Näpfe mit größerem Durchmesser (200 mm) und damit größerer Flanschfläche, wodurch die tribologischen Einflüsse im Ziehring und Flansch vermutlich besser zur Wirkung kommen. Doege und Mitarbeiter /97/ belegen dies mit ihren Untersuchungen.

2. Gegenläufige Reibungseffekte im Niederhalter-, Ziehringradius- und
   Stempelbereich gleichen sich gegenseitig aus. Schey /37/ und Younger
   u.a. /98/ zeigen entsprechend Bild 64, daß die Erhöhung des Ziehverhältnisses (nach Mäde /99/ korrelierend mit der Ziehreserve) durch eine
   Erhöhung der Stempelreibung möglich ist. Dies bedeutet z.B. für die
   gerichteten Oberflächen, die gemäß Anhang A9 die größten Mikroflächentraganteile besitzen, entsprechend höhere Reibzahlen bei sehr kleinen
   Relativgeschwindigkeiten entlang dem Stempelradius. Die Ziehkraft kann
   damit besser eingeleitet werden. Ein absoluter Gewinn ist dies hingegen
   nicht, da im Gegenzug höhere Reibzahlen auch unter dem Niederhalter
   entstanden sind und übertragen werden müssen. Auch Doege /18/ weist in
   seinen Betrachtungen zur Reproduzierbarkeit von Bodenreißerlagen in
   Abhängigkeit von den Reibungsverhältnissen darauf hin, daß es insbesondere beim Tiefziehen von Teilen mit ebenem Boden zu schwierig deutbaren
   Ergebnissen kommen kann. Im Abschnitt 6.4.2 wird deshalb die Ermittlung
   der Ziehreserve beim Ziehen von Teilen mit halbkugelförmigem Boden
   vorgenommen.

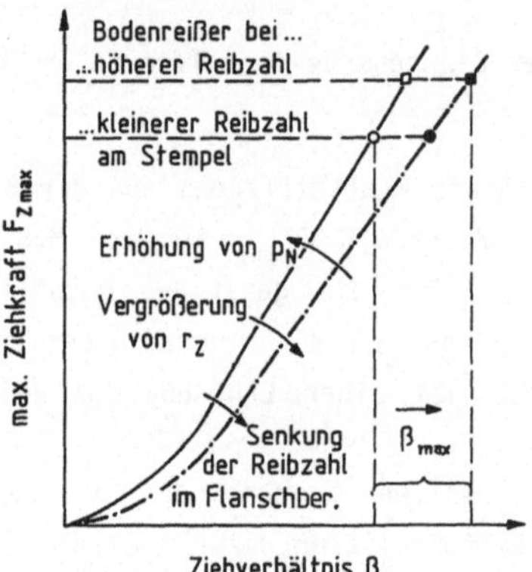

Bild 64: Beeinflussung des Ziehverhältnisses (in Anlehnung an /37/).

3. Die Schmierstoffmenge war infolge des Auftrages durch Spachteln zu
   gering, so daß grundsätzlich nach der Oberflächenwandlung einheitlich
   ungünstige Reibungsverhältnisse vorlagen. Diese Problematik ist Gegenstand des nächsten Abschnittes.

6.2.2   Einfluß von Schmierstoff, Schmierstoffmenge und Auftragsart

In Anknüpfung an Abschnitt 5.1.5 werden nachfolgend verschiedene Einflüsse
von seiten des Schmierstoffes in Verbindung mit den untersuchten Oberflä-

chen diskutiert.

Um die Frage nach dem Einfluß der Schmierstoffmenge, die sich im vorangegangenen Abschnitt auftat, zu klären, wird das Ziehkraftmaximum beim Ziehen von kreiszylindrischen Näpfen mit ebenem Boden als Beurteilungskriterium herangezogen.

Auftragsart

Folgende Schmierstoffauftragsarten wurden angewandt (Bild 65):

- Spachtelauftrag mittels Weich-PVC-Spachtel, Schmierstoffmenge wird der Blechrauheit näherungsweise angepaßt, Platinen beidseitig beölt;
- Auftragen mit der Sprüheinrichtung (vgl. Abschnitt 3.1), Schmierstoffmenge rauheitsunabhängig, deshalb gezielte Variation der Schmierstoffmenge möglich, beidseitiger Auftrag;
- Auftragen durch poröse Gummiwalzen, rauheitsabhängige Anpassung der Schmierstoffmenge in bestimmten Grenzen wegen des sogenannten Abdrückeffektes möglich, beidseitiger Auftrag;
- Pinselauftrag, Variation der Schmierstoffmenge in weiten Grenzen möglich, beidseitiger Auftrag;
- Pinselauftrag lokal, gemäß Überlegungen aus Abschnitt 6.2.1.

Beim Auftragen durch Spachteln ließen sich verständlicherweise die kleinsten Schmierstoffmengen auf die Blechoberfläche bringen; dies führte zu den

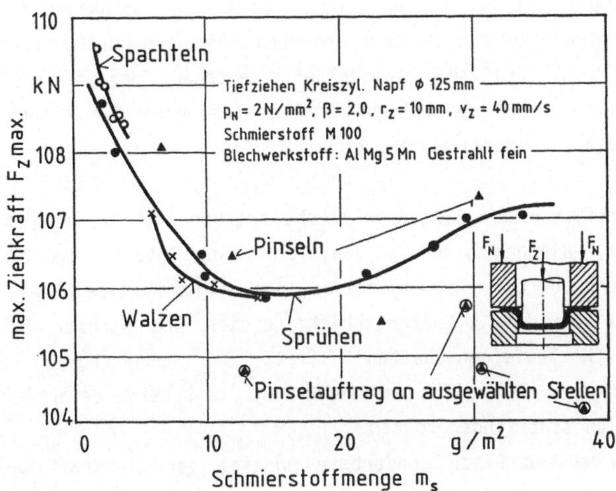

Bild 65: Einfluß des Schmierstoffauftrags auf das Ziehkraftmaximum beim Tiefziehen.

größten Ziehkräften. Die erreichte Reproduzierbarkeit war bezüglich der Schmierstoffmenge und der Ziehkraft sehr schlecht. Dies erklärt die großen Meßschwankungen bzw. den unscharfen Vertrauensbereich.

Die Reproduzierbarkeit der Schmierstoffmenge beim Sprühen ist weit besser, damit ergab sich eine deutlich bessere Ziehkraftbestimmung mit nur kleinen Schwankungen. Ähnliches gilt für das Walzen, allerdings ist die reproduzierbare Bestimmung von Ziehkräften bei etwas höheren Schmierstoffmengen günstiger.

Quasi nicht reproduzierbar ist der Schmierstoffauftrag durch den Pinsel und damit die gemessenen Ziehkräfte.

Durch gezieltes Auftragen von Schmierstoff (z.B. nur im Flanschbereich) läßt sich die Ziehkraft zusätzlich senken. Die Zuordnung der Schmierstoffmenge in g/m^2 gemäß Bild 65 hat für diesen Fall nur symbolischen Charakter.

Schließlich kann noch aus der gewählten Darstellung ein Hinweis auf die Benetzbarkeit der Oberflächen abgeleitet werden. Beim Spachteln entstehen gegenüber dem Sprühen deshalb die höheren Ziehkräfte, weil evtl. auch die Schmierstoffanteile auf den Rauheitserhebungen wieder abgeschabt werden. Beim Walzenauftrag ist vermutlich infolge der besseren Benetzung durch Andrücken der Schmierstoffpartikel die Ziehkraft im Vergleich zum Sprühauftrag etwas kleiner.

Schmierstoffmenge

Als überraschend kann der Verlauf der Kurve für den Sprühauftrag angesehen werden, der eindeutig ein Minimum und somit eine ideale Schmierstoffmenge von ca. 10-15 g/m^2 aufwies. Zwangsläufig entstand daraus die Frage, ob jeder Oberfläche eine spezifische Schmierstoffmenge für einen minimalen Ziehkraftbedarf zugeordnet werden kann. Die Antwort darauf liefert Bild 66.

Für die Oberflächen der AlMg 5 Mn-Bleche ergaben sich im Gegensatz zu den AlMg 0,4 Si 1,2-Blechen nicht so deutlich ausgeprägte Minima. Dies findet eine Erklärung durch die Ergebnisse der Auger-Analyse, die eindeutig belegen, daß die AlMg 5 Mn-Randschicht dicker und poröser ist, was zu günstigeren "Notlaufeigenschaften" führt. Die aushärtbaren Legierungen reagierten dagegen wesentlich empfindlicher, weil keine derartige Schmierstoffadsorption stattfinden konnte.

Der auf den ersten Blick sonderbare Anstieg der Ziehkraft bei höheren Schmierstoffmengen rührt vom sogenannten "Aufschwimmen" des Flansches her /100/. Infolge von Makroschmiertaschen kann das Blech vom Ziehring abheben,

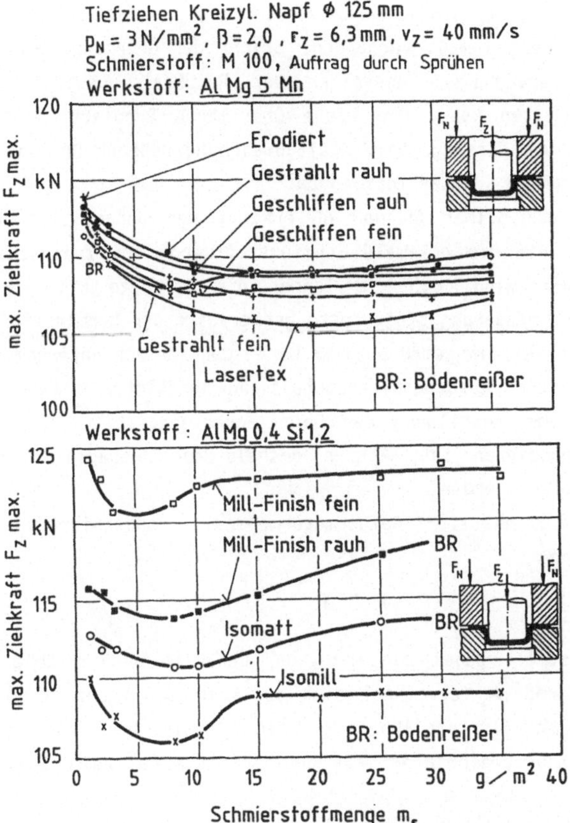

Bild 66: Einfluß der Schmierstoffmenge auf das Ziehkraftmaximum.

ungehindert leichte Falten 1. Ordnung bilden und örtlich frei aufrauhen, was schließlich beim Überlaufen des Ziehringradius zu einer Ziehkrafterhöhung führt und sogar bei den Oberflächen Mill-Finish rauh und Isomatt einen Bodenreißer provozierte.

Zu kleine Schmierstoffmengen führen verständlicherweise zum steileren Ansteigen der Ziehkraft wegen ungünstiger Mischreibungsbedingung. Besonders die Oberfläche Lasertex reagierte auf eine derartige Situation mit Bodenreißern. Dies bestätigt auf anschauliche Weise die in Abschnitt 5.1.1 gezogenen Folgerungen, daß der Schmierstoff bei hinreichender Menge eingeschlossen sein muß, und daß bei fortschreitendem Ziehvorgang ein Einglättungsmechanismus stattfinden muß, der den Schmierstoff aus den Profilvertiefungen in die unter Grenzreibung stehenden Zonen fördert (plasto-hydrodynamische Mikrodruckkammerschmierung). Ist der Schmierstoff in nicht ausreichendem Maße vorhanden, bricht der Grenzschmierfilm zusammen, was ein sprunghaftes Ansteigen der Reibkraft bewirkt und einen Bodenreißer einleiten kann. Die rauhe Oberfläche Erodiert zeigte keinen Bodenreißer, da die überlagerte Gestaltabweichung höherer Ordnung anscheinend noch hinreichend Schmierstoff abgab.

Beim Vergleich der Bilder 65 und 66 erkennt man anhand der Oberfläche Gestrahlt fein, daß die optimale Schmierstoffmenge bei zunehmendem Ziehringradius größer wird, d.h. je länger die Reibwege mit gleichzeitig stattfindender Formänderung sind, desto größer wird der Schmierstoffbedarf.

Mit der Zusammenstellung gemäß Bild 67 wurde der Versuch unternommen, einen Zusammenhang zwischen Ausgangsblechrauheit und benötigter Schmierstoffmenge zu finden. Da die Ausbildung der Oberflächenfeingestalt (Struktur) nur schwierig einzubeziehen ist, können deshalb nur Aussagen unter grober Annäherung getroffen werden.

Das rechnerische Schmierstoff-Aufnahmevermögen der Randschicht V_r läßt sich aus der Beziehung

$$V_r = A_1 \, \lambda_r \, R_Z$$

ermitteln. A_1 stellt dabei die mit 1 m² gewählte Bezugsfläche dar. Der räumliche Leeregrad λ_r errechnet sich aus den nach Kienzle und Mietzner /13/ gegebenen Modellvorstellungen zu einem bestimmten Grad strukturabhängig. Entlang der Ordinate ist die gravimetrisch bestimmte Schmierstoff-

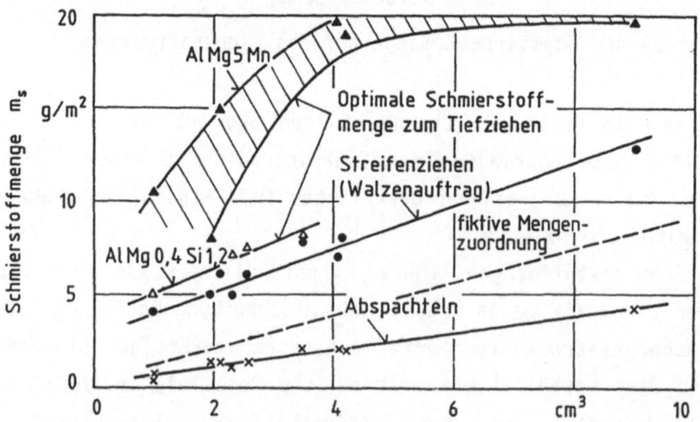

Bild 67: Schmierstoffmenge in Abhängigkeit vom rechnerischen Schmierstoff-Aufnahmevolumen (vgl. hierzu Bild 68).

menge aufgetragen. Ein annähernd linearer Zusammenhang zwischen rechnerisch bestimmtem und experimentell ermitteltem Schmierstoffaufnahmevermögen kann demnach für Spachtel- und Walzenauftrag festgestellt werden.

Der Spachtelauftrag liegt unterhalb der ideellen Mengenzuordnung (Bild 68), da der räumliche Leeregrad als obere Grenze gelten kann, ferner benetzt der Schmierstoff nicht vollständig das Rauheitsgebirge und durch die weiche Spachtelkante kann Schmierstoff zum Teil auch aus den Tälern wieder entfernt werden. Der Walzenauftrag dagegen hinterläßt einen geschlossenen Film auf der Oberfläche.

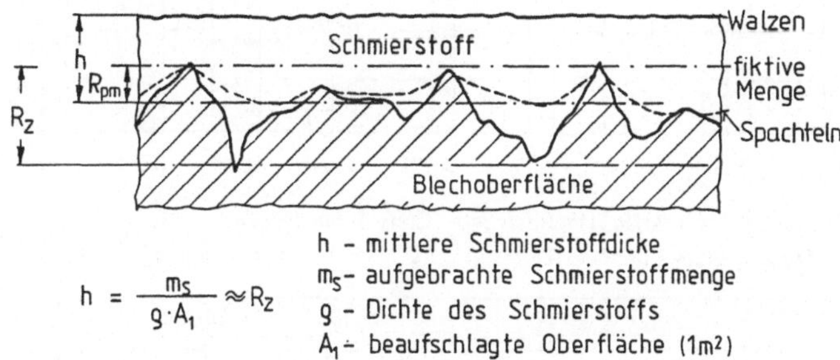

$$h = \frac{m_s}{\varrho \cdot A_1} \approx R_z$$

h - mittlere Schmierstoffdicke
m_s - aufgebrachte Schmierstoffmenge
ϱ - Dichte des Schmierstoffs
A_1 - beaufschlagte Oberfläche (1m²)

Bild 68: Ermittlung der Schmierstoffmenge unter Berücksichtigung der Rauheitsrandschicht.

Für das Streifenziehen ohne Umlenkung (vgl. Abschnitt 5.1) und damit ohne Oberflächenwandlung war die aufgetragene Schmierstoffmenge gut bemessen. Für das Tiefziehen und die entsprechend Bild 66 optimalen Schmierstoffmengen muß nach Werkstoffen unterschieden werden. Die aushärtbare Legierung AlMg 0,4 Si 1,2 mit der dünneren Randschicht zeigt eine gute lineare Abhängigkeit. Vermutlich infolge der dickeren und poröseren Randschicht der AlMg 5 Mn-Legierung ergibt sich für diese Blechqualität ein deutlich höherer Bedarf an Schmierstoff, auch ist kein linearer Zusammenhang mehr erkennbar.

Schmierstoffart

Den Einfluß der Viskosität auf die maximale Ziehkraft zeigt Bild 69. Mit Zunahme der Viskosität nimmt die Ziehkraft deutlich ab. Durch Beimengen von Schmierstoffzusätzen läßt sich die Ziehkraft nur in einem kleineren Rahmen absenken. Es dominiert eindeutig der Einfluß der Viskosität. Zieht man die Ergebnisse aus den Streifenziehversuchen (vgl. Abschnitt 5.1.5) zur Überprüfung dieser Aussage heran, so kann in groben Zügen für die ausgewählten Schmierstoffe eine gleichläufige Tendenz erkannt werden.

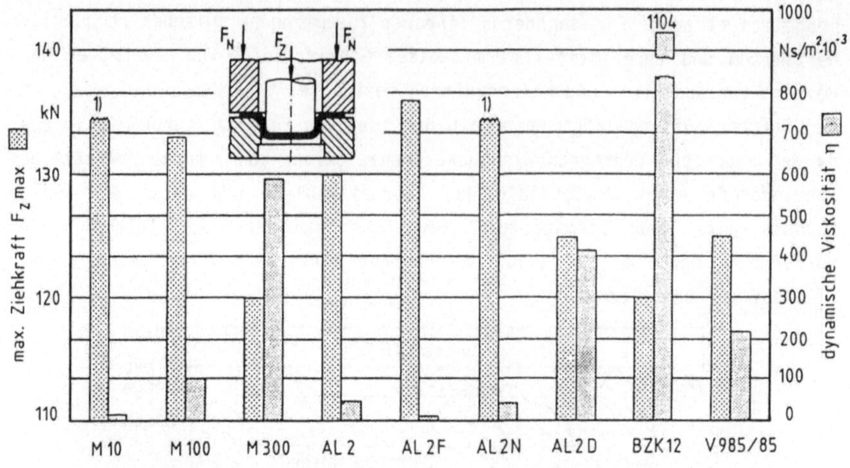

Blechwerkstoff: AlMg5Mn Gestrahlt Rauh; 1) Bodenreißer

Tiefzug: kreiszyl. Napf ϕ 125 mm, β = 2,0; r_Z = 6,3, r_{St} = 16 mm; p_N = 2 N/mm^2

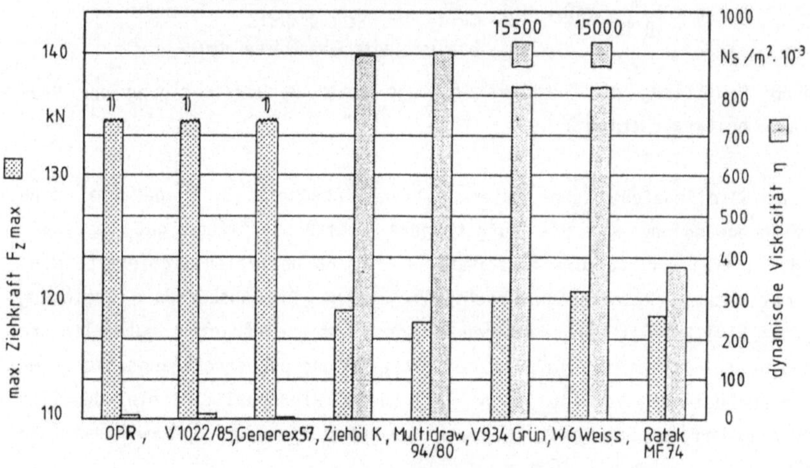

Bild 69: Einfluß des Schmierstoffs auf das Ziehkraftmaximum.

Schmierstoffe mit hohen Reibzahlen (μ > 0,1), die auch bei höheren Flächenpressungen nicht abnehmen, zeigen höhere Ziehkräfte und Bodenreißer. In den meisten Fällen korreliert das Auftreten von Adhäsionserscheinungen beim Streifenziehversuch mit dem Auftreten von Bodenreißern beim Tiefziehen. Demnach eignet sich der Modellversuch Streifenziehen zur Auswahl eines günstigen Schmierstoffes für das Tiefziehen.

6.2.3 Ermittlung des Grenzziehverhältnisses β_{max}

Nach Klärung des Einflusses der Schmierstoffmenge auf das Ziehkraftmaximum wurde bei der Ermittlung des Grenzziehverhältnisses diese Abhängigkeit mitberücksichtigt (Bild 70). Der Platinendurchmesser wurde hierzu in Stufen von 5 mm bis zum Eintreten des Bodenreißers vergrößert. Bei einheitlichen Schmierstoffmengen lagen die Grenzziehverhältnisse für die Blechqualitäten mit kleinerer Rauheit höher. Unter Verwendung der optimalen Schmierstoffmenge gemäß Abschnitt 6.2.2 ließ sich für die Oberfläche Lasertex die höchste Steigerung vornehmen. Dabei wurde annähernd das von Aziz /101/ für eine ähnliche Legierung als maximal ermittelte Grenzziehverhältnis mit β_{max} = 2,28 erreicht. Die gerichteten Oberflächen sowie die Oberfläche Gestrahlt rauh erfuhren keine Steigerung des Grenzziehverhältnisses mit zunehmender Schmierstoffmenge.

Neben der Oberfläche Gestrahlt fein und Lasertex schnitt die Oberfläche Geschliffen fein am besten ab. Selbst durch eine größere Schmierstoffmengensteigerung konnte das Grenzziehverhältnis bei der Oberfläche Erodiert nur unwesentlich erhöht werden. Die Oberflächen der AlMg 0,4 Si 1,2-Bleche zeigten ein ähnliches Verhalten, wobei die maximal erreichbaren Grenzziehverhältnisse durchschnittlich niedriger als die der AlMg 5 Mn-Qualitäten lagen.

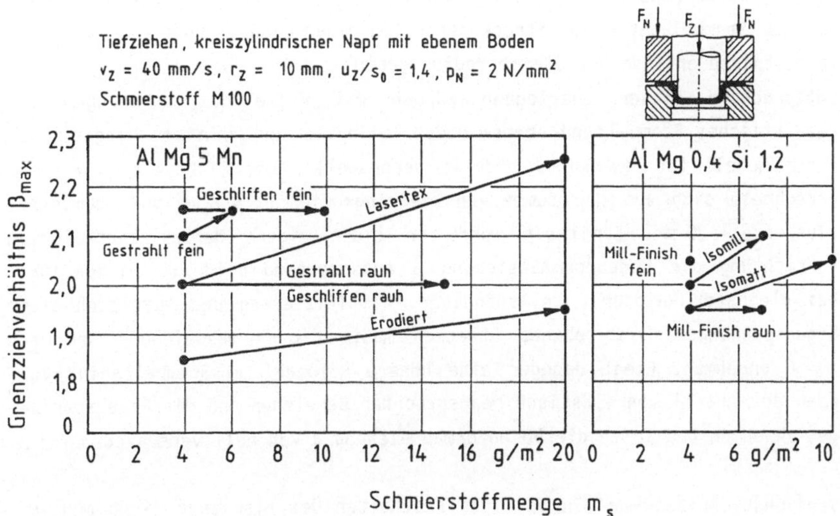

Bild 70: Einfluß der Schmierstoffmenge auf das Grenzziehverhältnis.

Da das Grenzziehverhältnis für reproduzierbare Reißerlagen (keine vorzeitigen Reißer) mit der Ziehreserve korreliert /18, 99/, kann nun rückblickend auf die Ergebnisse aus Abschnitt 6.2.1 vermutet werden, daß vor allem zu geringe Schmierstoffmengen und vermutlich auch zu kleine Flanschflächen die mangelnde Differenzierbarkeit des Oberflächeneinflusses herbeiführten, d.h. bei optimalen Schmierstoffmengen und größeren Ziehverhältnissen zeichnen sich vorteilhafte Oberflächenstrukturen besser ab und umgekehrt.

6.3 STRECKZIEHTEIL MIT QUADRATISCHEM ZARGENQUERSCHNITT UND EBENEM BODEN

Nachdem in den vorangegangenen Abschnitten die Tribologie im Flanschbereich im Mittelpunkt des Interesses stand, soll in diesem Abschnitt das Augenmerk mehr auf die Tribologie entlang des Stempelradius gerichtet werden.

Wie in Abschnitt 6.1.1 vermutet wurde und aus Abschnitt 6.2.1 hervorgeht, spielt die Reibung entlang der Stempelberührfläche eine bedeutende Rolle. Bei großer Reibzahl in der Stempelradius-Blech-Kontaktfläche erreicht ein kleinerer Kraftanteil den Bodenbereich entlang der Stempelstirn, was zu einer kleineren Formänderung und damit zu einer kleineren Verfestigung mit höherem Anteil elastischer Formänderung führt. Verfolgt man diesen Gedankengang weiter, so kann das Rückfederungsverhalten bzw. die Formabweichung von der Stempelkontur bei Streckziehteilen einen Hinweis über die Reibungsverhältnisse entlang des Stempelradius geben.

Entsprechend dieser Überlegung wurden mit Hilfe des Werkzeuges mit quadratischem Stempel und ebenem Boden Teile kleiner Ziehtiefe vergleichbar einem Modell für Pkw-Außenhautteile hergestellt. Die Ziehtiefe t_Z = 28 mm errechnete sich aus der Summe von Ziehringradius r_Z = 8 mm und Stempelradius r_{St} = 20 mm. Ermittelt wurde in einer eigens dafür konstruierten Vorrichtung die Bodenformabweichung a entsprechend Bild 71. Im Idealfall bei kleinster Reibzahl, vollständiger Plastifizierung und Ausgleich aller Eigenspannungen durch ebenes Strecken müßte die Formabweichung den Wert a = 0 annehmen. Liegt dagegen eine höhere Reibzahl am Stempelradius vor, kann der Anteil von elastisch beanspruchten Bereichen und die Eigenspannungen zunehmen und somit die Bodenformabweichung a von null verschieden sein.

Versuchstechnisch war ein völliges Festhalten des Flansches nicht möglich, so daß ähnlich dem Karosserieziehen aus dem Flanschbereich Werkstoff nachfloß. Demnach sind die Reibungsverhältnisse im Flansch mitzuberücksichtigen; vereinfachend wirkte sich aus, daß der Flanschbereich örtlich kaum aufdickte, was nahezu einheitliche Reibungsverhältnisse bewirkte. Folglich konnten die Ergebnisse vom Streifenziehversuch zur Abschätzung der Tribologie im Flanschbereich herangezogen werden. In den Versuchsreihen wurden Teile mit und ohne Ziehleisten sowie mit zwei unterschiedlichen Ziehspalten gezogen. Eine Auswahl der dabei erzielten Ergebnisse ist in Bild 71 wiedergegeben.

Zunächst soll die Parameterkombination mit großem Ziehspalt betrachtet werden. Die kleinsten Bodenformabweichungen besaßen die Oberflächen Geschliffen fein, Gestrahlt fein und Erodiert aus der Reihe der AlMg 5 Mn-Qualitäten, ferner Isomill für die AlMg 0,4 Si 1,2-Oberflächen.

Am einfachsten kann das Verhalten der Oberfläche Erodiert erklärt werden, da diese Oberfläche eine hohe Reibzahl im Flansch und vermutlich eine kleinere Reibzahl infolge der kleineren Flächentraganteile entlang des Stempelradius aufweisen dürfte. Die Oberfläche Geschliffen fein besitzt bei

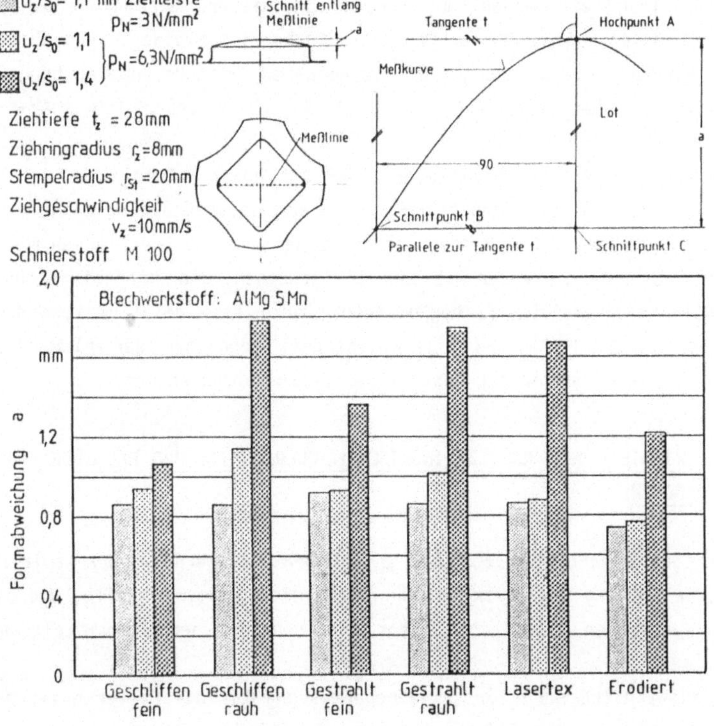

Bild 71: Ermittlung der Bodenformabweichung (Rückfederung) von flachen Ziehteilen.

höheren Flächenpressungen größere Traganteile und neigt am ehesten zu Adhäsionserscheinungen, was im Flanschbereich zum besseren Bremsen des Werkstoffflusses geführt haben könnte. Die großen Flächentraganteile der Oberflächen Geschliffen rauh und Gestrahlt rauh führten im Stempelbereich bei diesen Qualitäten zu hohen Reibzahlen und geringer Durchplastifizierung. Die Bleche mit der Lasertex-Oberfläche konnten dagegen aus dem Flanschbereich gut nachfließen, was einer höheren Krafteinleitung in den Bodenbereich im Wege stand. Wird der Ziehspalt verkleinert, verringert sich besonders für die Lasertex-Oberfläche die Formabweichung. Bleche mit der Oberfläche Geschliffen rauh zeigten weiter die höchsten Formabweichungen.

Werden zusätzlich Ziehleisten eingesetzt, nehmen die Unterschiede zwischen den einzelnen Formabweichungen weiter ab. Die Oberflächenqualität Erodiert zeigte weiterhin die kleinste Formabweichung, was im Einklang mit der auszumachenden Tendenz liegt, die besagt, je höher die Reibzahl und Adhäsionsneigung im Flanschbereich ist, desto kleiner wird die Bodenformabweichung. Dieser Wirkmechanismus scheint dominierend vor der Tendenz, daß kleinere Flächentraganteile im Stempelradiusbereich kleinere Reibzahlen und damit kleinere Formabweichungen zur Folge haben. Weitere Untersuchungen bei reinem Streckziehen müssen hierzu noch Aufschluß geben (vgl. Abschnitt 6.4.3).
Schließlich kann festgehalten werden, daß bei hoher Reibzahl und erschwertem Nachfließen aus dem Flanschbereich die Reibungsverhältnisse entlang der Stempelberührfläche keine herausragende Rolle spielen. Oberflächen mit sehr kleinen Flächentraganteilen (Erodiert) scheinen die Krafteinleitung in ebene Streckziehbereiche zu begünstigen. Durch eine relative Vergrößerung von Stempelberührfläche und Streckziehanteil gegenüber der Flanschfläche sollte eine differenziertere Aussage getroffen werden können.

6.4 ZIEHTEIL MIT KREISZYLINDRISCHEM QUERSCHNITT UND HALBKUGELFÖRMIGEM BODEN

Wie aus den Abschnitten 6.2 und 6.3 angenommen werden kann, spielt die Tribologie entlang der Stempelberührfläche eine bestimmte Rolle, die bisher für die einzelnen Oberflächen nicht differenziert genug ermittelt werden konnte.
Analog zum Einfluß der Flanschflächenabmessung auf die Differenzierbarkeit des Reibungs- und Oberflächeneinflusses wurde deshalb die Stempelberührfläche relativ zur Flanschfläche und der Streckziehanteil entlang dem

Ziehteilboden vergrößert. Dies geschah am einfachsten unter Verwendung eines halbkugelförmigen Stempelkopfes im Werkzeug, das in Abschnitt 3.1 beschrieben wurde. Der Schmierstoffauftrag erfolgte rauheitsangepaßt durch Sprühen. Herangezogen zur Beurteilung der Zieheigenschaften der Oberflächenqualitäten wurde die Anzahl der Verfahrensparameterkombinationen, die zu Gutteilen führte.

Bild 72 zeigt die Verfahrenskennfelder der einzelnen Oberflächen in Abhängigkeit von Ziehringradius, Ziehverhältnis und Niederhalterdruck, wobei als minimaler Niederhalterdruck p_N = 2 N/mm² und als maximaler Niederhalterdruck bis zu 15 N/mm² eingestellt wurden. Die Einteilung der Ziehergebnisse erfolgte nach Gutteilen, Teilen mit Faltenbildung (1. und 2. Ordnung), Bodenreißern und sonstigen Versagensarten, worunter die Parameterkombinationen aufgenommen wurden, die für drei bis fünf Ziehversuche immer Schrägzüge aufwiesen oder infolge Aufstauchungen und Verdickungen am Zargenende Abstreckerscheinungen zeigten.

Beim Schrägzug kommt es aufgrund kleinster tribologischer Instabilitäten im Flansch zum außermittigen Ziehen. Schrägzüge traten bei gerichteten Oberflächen (Geschliffen fein und rauh) infolge der ungleichmäßigen Reibzahl sowie den Oberflächen Erodiert, Lasertex und Isomatt fein auf. Die drei zuletzt genannten Oberflächen wiesen beim Streifenziehen ohne Umlenkung die kleinsten Reibzahlen auf und zeigten auch die kleinsten Mikroflächentraganteile bei großen Flächenpressungen. Damit ist die Reibzahl am Stempel und im Flansch zu Ziehbeginn sehr klein und es reichen nur geringfügige Instabilitäten aus, z.B. beim Aufsetzen des Niederhalters, daß es zur äußermittigen Lage der Platine kommen kann.

Die höchste Anzahl an einstellbaren Verfahrensparametern konnte mit den Oberflächen Gestrahlt fein und Lasertex erreicht werden. Am schlechtesten schnitt die Oberfläche Geschliffen fein ab, die uneinheitliche Falten (2. Ordnung) aufwies, ein Zeichen für eine ungleichmäßige Reibzahlverteilung. Selbst die sehr rauhe Oberfläche Erodiert konnte im Gegensatz zu früheren Ergebnissen beim Ziehen mit ebenem Boden in dieser Versuchsreihe auch bei kleinem Ziehringradius und großem Ziehverhältnis gezogen werden. Die AlMg 0,4 Si 1,2-Blechqualitäten schnitten wie vermutet deutlich schlechter ab. Nur durch feinfühliges Einstellen des Niederhalterdruckes konnte die Isomill-Oberfläche bei einem Ziehverhältnis von ß = 2,0 gezogen werden, ansonsten traten Falten oder vorzeitige Reißer auf.

Beim Vergleich der Ergebnisse, erhalten durch das Ziehen mit halbkugelförmigem Stempel, und den Ergebnissen vom Ziehen mit flacher Stempelstirn

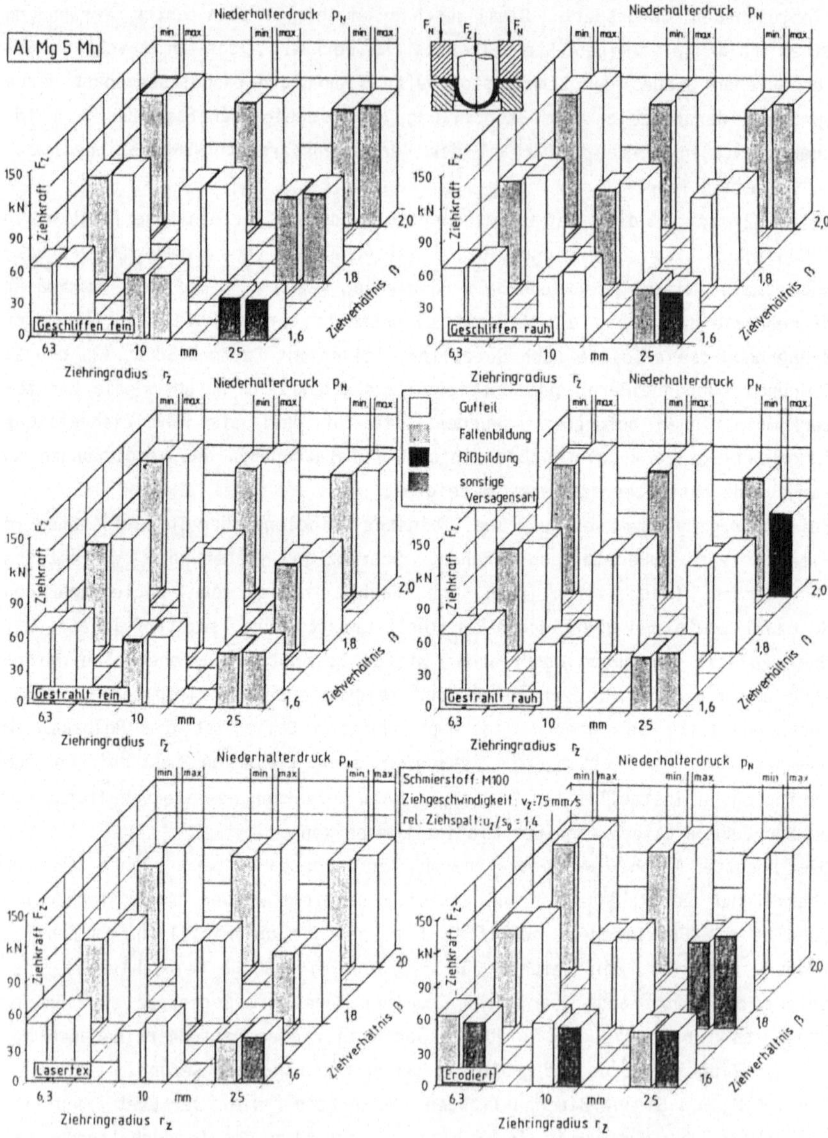

Bild 72a: Einfluß von Ziehringradius, Ziehverhältnis und Niederhalterdruck auf das Ziehergebnis beim Ziehen von Teilen mit halbkugelförmigem Boden ($p_{Nmax} \approx 12$ N/mm², $p_{Nmin} \approx 2$ N/mm², AlMg 5 Mn).

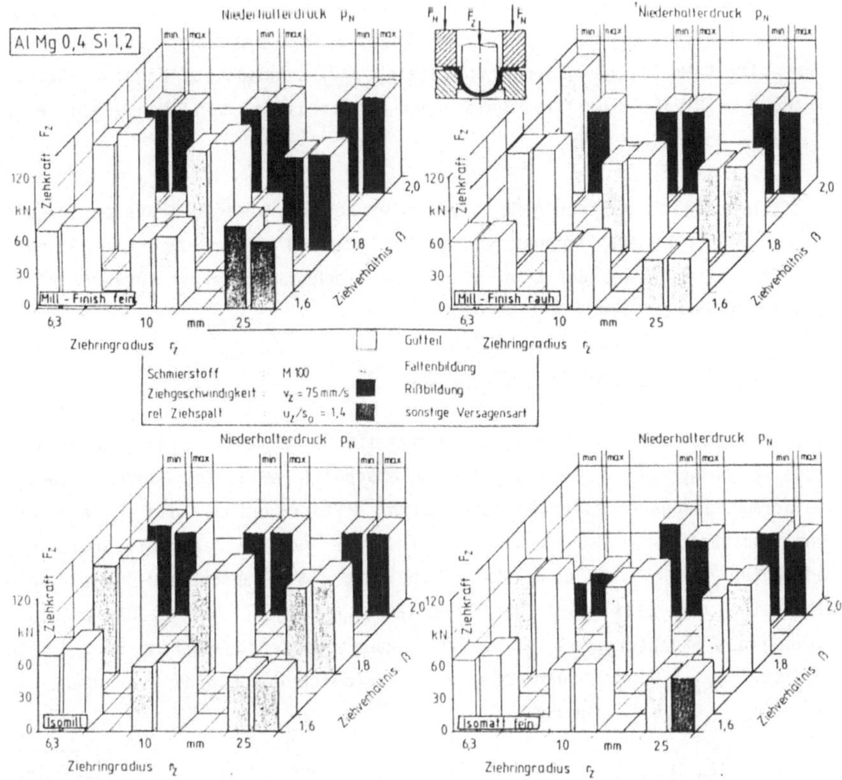

Bild 72b: Einfluß von Ziehringradius, Ziehverhältnis und Niederhalterdruck auf das Ziehergebnis beim Ziehen von Teilen mit halbkugelförmigem Boden ($p_{Nmax} \approx 12$ N/mm², $p_{Nmin} \approx 2$ N/mm², AlMg 0,4 Si 1,2).

fallen zwei Beobachtungen auf:

- Das Ziehkraftmaximum F_{Zmax} liegt beim Ziehen von Teilen mit halbkugelförmigem Boden gegenüber dem Ziehen von Teilen mit ebenem Bodem bei sonst gleichen Bedingungen höher (bei AlMg 5 Mn-Blechqualitäten z.B: F_{Zmax} (halbkugelförmig) = 120 kN, F_{Zmax} (flacher Boden) = 107 kN, z.B. für β = 2,0, r_Z = 6,3 mm, p_N = 3 N/mm²).

- Das Grenzziehverhältnis bleibt bei den AlMg 5 Mn-Oberflächen gleich oder nimmt sogar zu (Gestrahlt fein: β_{max} (flacher Boden) = 2,15, β_{max} (halbkugelförmig) = 2,2). Hierzu gegensätzlich verhalten sich die AlMg 0,4 Si 1,2-Oberflächen, bei denen ein geringfügiger Abfall der Grenzziehverhältnisse eintrat, vermutlich weil auch ein etwas höherer

Verfestigungsexponent vorlag. Anscheinend spielt die höhere Zugfestigkeit der AlMg 5 Mn-Bleche und die von Blaich /47/ beobachtete Eigenschaft der AlMg 5 Mn-Bleche zur gleichmäßigeren Verteilung von Dehnungen eine größere Rolle.

Da offensichtlich bei der AlMg 5 Mn-Legierung eine bessere Kraftübertragung durch gleichmäßigere Dehnungsverteilung möglich ist, kann die Annahme getroffen werden, daß der Einfluß der Oberfläche durch diese Versuchsanordnung detaillierter ermittelt werden kann.

6.4.1 Formänderungsverteilung

Für eine bestimmte Parameterkombination, die für alle Oberflächenqualitäten Gutteile entsprechend vorangegangenem Abschnitt erlaubte, wurden jeweils die Formänderungsverteilungen aufgenommen. Bild 73 enthält die in Walzrichtung ermittelten Verläufe. Zusammen mit der Flächentraganteilentwicklung und unter Berücksichtigung der Tribologie im Flanschbereich soll die Diskussion des Einflusses der Oberfläche erfolgen. Die Flächenpressung entlang des Stempelkopfes betrug für diese Parameterkombination rechnerisch im Mittel $p_{St} = 7$ N/mm² und experimentell (durch den Einsatz von Druckmeßfolie) $p_{St} = (7,5 - 10)$N/mm².

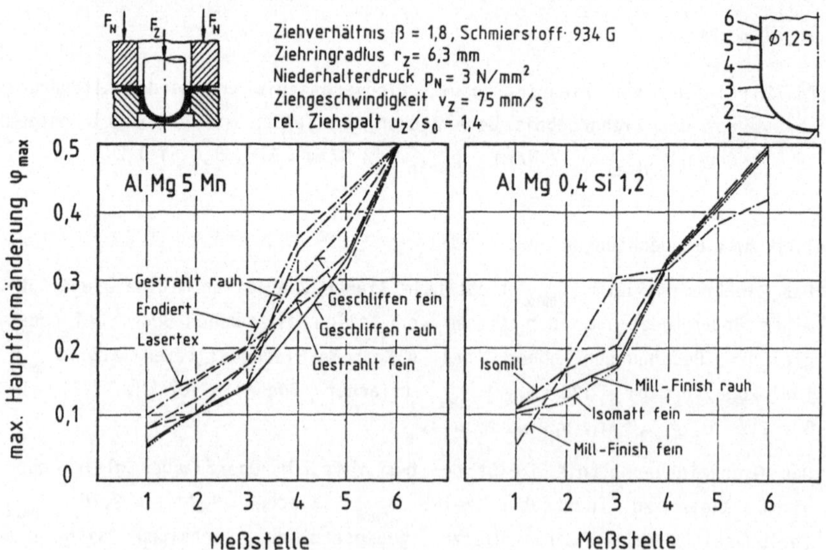

Bild 73: Formänderungsverteilung beim Ziehen von Teilen mit halbkugelförmigem Boden.

Obwohl die Oberflächen Erodiert und Gestrahlt rauh unter dem Niederhalter in etwa gleiche Reibzahlen entwickelten (Abschätzung durch Streifenziehversuch mit Umlenkung), zeigte die Oberfläche Erodiert höhere Formänderung in der Bodenkuppe. Ähnliches gilt für die Oberflächen Gestrahlt fein, Lasertex und Isomill. Es deutete sich damit an, daß Oberflächen mit guten tribologischen Eigenschaften infolge kleiner Mikroflächentraganteile bei hohen Flächenpressungen und sehr kleinen Relativgeschwindigkeiten im Werkstoff eine günstigere Dehnungsverteilung erhalten und gleichmäßigere Verfestigung erfahren. Dieses trifft insbesondere für die Oberflächen Erodiert, Lasertex und Isomill zu. Für die Ermittlung der Ziehreserve nach Engelhardt scheint dieser Sachverhalt eine günstige Ausgangsposition darzustellen.

6.4.2 Ermittlung der Ziehreserve in Anlehnung an Engelhardt

Zur Abschätzung der Fertigungssicherheit kann die in Abschnitt 6.2.1 beschriebene Ermittlung der Ziehreserve in Anlehnung an Engelhardt nützlich sein /96/. Ergebnisse aus dem genannten Abschnitt lassen jedoch vermuten, daß die tribologischen Wirkmechanismen beim Ziehen von Teilen mit flachen Böden im Flanschbereich und entlang des Stempelradius gegenläufige Effekte zeigen und in ihrer Überlagerung nicht mehr einfach durchschaubar sind. Sinnvoller erscheint es daher, Teile zu ziehen, bei denen gleichsinnig gerichtete Reibungseffekte eine Verstärkung des Einflusses der Oberflächenfeingestalt bewirken. Beim Ziehen von Teilen mit halbkugelförmigem Boden ist dies offensichtlich möglich, da kleine Reibzahlen gleichzeitig im Flansch- und Stempelbereich angestrebt werden.

Was die Ergebnisse aus den Abschnitten 6.4 und 6.4.1 schon andeuteten, unterstreicht die Zusammenstellung in Bild 74, aus der hervorgeht, daß Oberflächen, die über dem halbkugelförmigen Stempel zur gleichmäßigen Formänderungsverteilung durch Senkung der Reibzahl infolge kleiner Mikroflächenpressungen beitragen, die höchsten Ziehreserven offenbaren. Die Oberfläche Lasertex nähert sich dabei der maximalen Reserve, die durch Ziehen mit Folie (kleinste Reibzahl) für alle Oberflächen erreicht wurde. Formänderungsanalysen (Bild 75) belegen eindeutig, daß eine gleichmäßige und auf höherem Niveau verlaufende Formänderungsverteilung mit einhergehender Verfestigung die höchsten Ziehreserven erlaubt. Unterstützend wirkt dabei eine günstige Tribologie im Flanschbereich, welche dort die maximalen Formänderungen senkt.

Obwohl ein direkter Vergleich des Grenzziehverhältnisses von Ziehteilen mit halbkugelförmigem Boden und Ziehteilen mit ebenem Boden wegen der uneinheitlichen Reißerlagen nicht möglich ist, so sei dennoch darauf hingewiesen, daß in vorliegender Untersuchung bei etwa gleichen Ziehreserven für den Werkstoff AlMg 5 Mn (Ziehen mit Folie, T ≈ 30 %) die Grenzziehverhält-

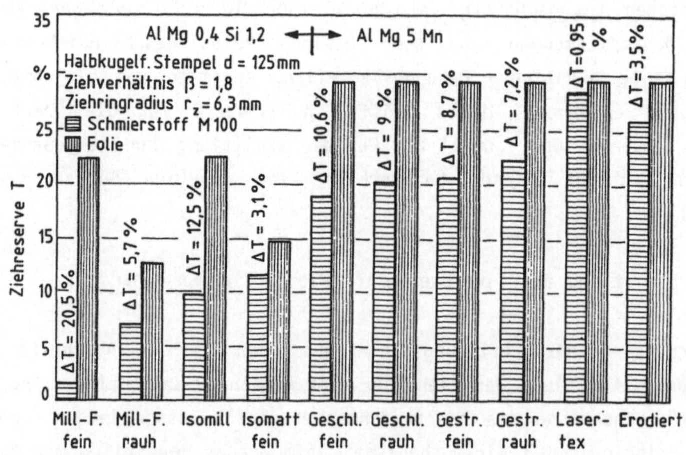

Bild 74: Ziehreserve in Anlehnung an Engelhardt ermittelt an Tiefziehteilen mit halbkugelförmigem Boden.

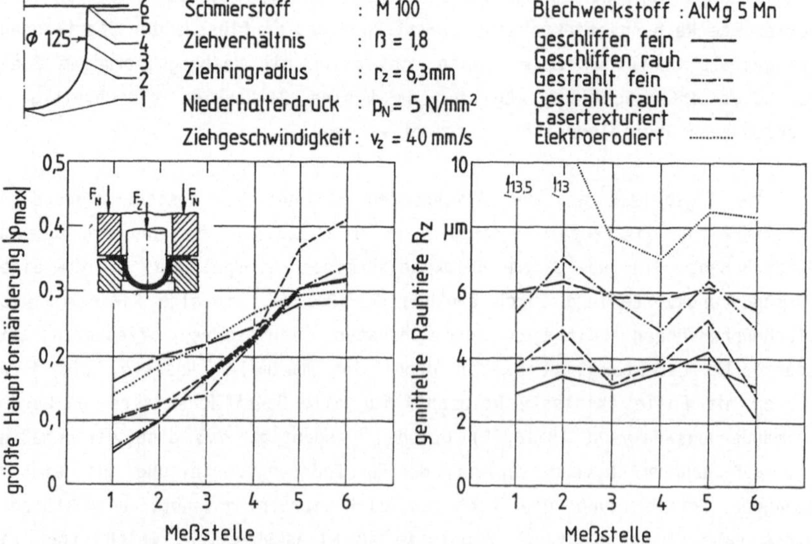

Bild 75: Formänderung und Rauheitsänderung beim Ziehen von Teilen mit halbkugelförmigem Boden (Ziehtiefe bei Ziehkraftmaximum).

nisse ähnlich mit β_{max} = 2,2 oder sogar höher lagen, wogegen sich bei der Legierung AlMg 0,4 Si 1,2 niedrigere Grenzziehverhältnisse und Ziehreserven beim Ziehen mit halbkugelförmigem Stempel im Vergleich zum Ziehen mit ebener Stempelstirn ergaben.

Diese Werkstoffabhängigkeit des Grenzziehverhältnisses beim Ziehen mit halbkugelförmiger Stempelstirn, d.h. bei hoher Streckziehbeanspruchung, wurde auch von anderen Autoren /102, 103/ nachgewiesen. Für weichgeglühte und zeitlich festigkeitsstabile Legierungen liegt das Grenzziehverhältnis beim Ziehen von Teilen mit halbkugelförmigem Boden über dem von Tiefziehteilen mit flachem Boden und läßt sich durch günstige Reibungsverhältnisse sogar noch steigern (Bild 76). Genau umgekehrt verlaufen die Verfahrensgrenzen für teilverfestigte, z.B. halbharte Werkstoffe und aushärtbare Legierungen.

Demzufolge eignet sich die Ermittlung der Ziehreserve zur Abschätzung der Fertigungssicherheit vorwiegend für naturharte Legierungen im Zustand "weich" und dort auch zur Abschätzung der Tribologie entlang der Stempelberührfläche. Diese Legierungen benötigen zur Realisierung ihrer Eigenschaft, nämlich der Bildung einer gleichmäßigen Dehnungsverteilung, eine möglichst kleine Reibzahl. Auskunft über diese tribologische Eigenschaft könnte vorzugsweise der Mikroflächentraganteil geben. Um diese Aussage abzusichern, wird im nächsten Abschnitt das reine Streckziehverhalten der Oberflächenqualitäten untersucht.

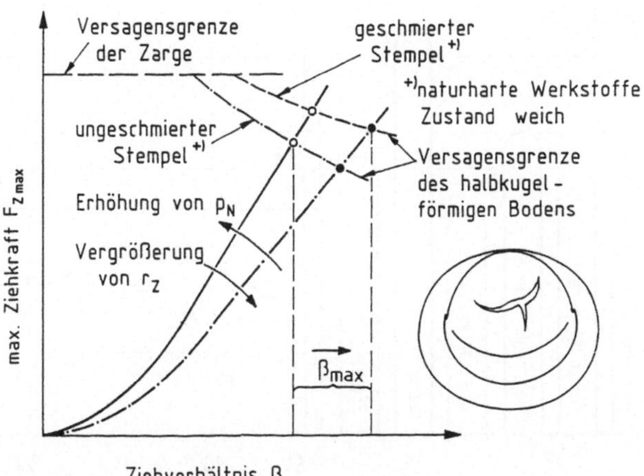

Bild 76: Einflüsse auf das Grenzziehverhältnis beim Ziehen von Teilen mit halbkugelförmigem Boden (in Anlehnung an /37/).

6.4.3   Formänderungs- und Reibungsverhalten bei reiner Streckziehbean-
         spruchung

Die nachfolgend beschriebene Versuchsreihe zielte darauf ab, das reine
Streckziehverhalten ohne Werkstoffnachfluß aus dem Flanschbereich für die
einzelnen Oberflächen im sogenannten Limiting-Dome-Height-Test (LDH-Test)
nach Fogg und Ghosh /28, 42, 104/ mit der in Abschnitt 3.1 beschriebenen
Versuchseinrichtung zu ermitteln.

Damit wurde erhofft, den schon in den vorangegangenen Abschnitten vermute-
ten Mechanismus, nämlich die Unterstützung der Eigenschaft zur gleichmäßigen Dehnungsverteilung durch kleine Reibzahlen bei hoher Flächenpressung
und sehr kleinen Relativgeschwindigkeiten eindeutig klären zu können.
Dieser Mechanismus ist mutmaßlich verantwortlich für die gute Differenzierbarkeit der Oberflächenfeingestalt beim Ziehen von Teilen mit halbkugelförmigem Boden.

Bild 77 belegt diesen Sachverhalt und liefert gleichzeitig eine Erklärung.
Je günstiger die tribologischen Eigenschaften der berührenden Randschichten
sind, desto höher ist die Ziehtiefe. Einen Anhaltspunkt hierfür bietet der
Flächentraganteil, der für kleine Mikroberührflächen höhere Ziehtiefen
erlaubt. Wird diese Oberflächeneigenschaft mit einer günstigen Struktur
vereint, so steigt die Ziehtiefe zusätzlich. Story /105/ und Anderson /106/

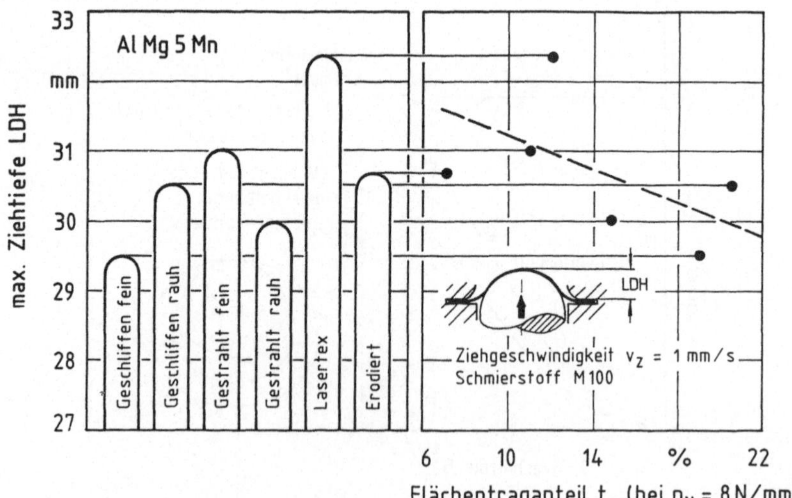

Bild 77: Maximale Ziehtiefe (Limiting Dome Height LDH), Aussagefähigkeit
         des Mikroflächentraganteils.

kommen für den Einsatz von ungeschmierten und geschmierten Stempeln bzw. bei Variation der Schmierstoffviskosität zu ähnlichen Ergebnissen. Ghosh /42/ vermutet ebenfalls, daß eine Erhöhung der eingeglätteten Bereiche zur Reibzahlerhöhung und zu Dehnungsbehinderungen führt. In Bild 78 wird dies durch eine Formänderungsanalyse bewiesen. Oberflächen mit höheren Flächentraganteilen und ungünstigeren Strukturen erreichen an der Meßstelle 3 eine kleinere Formänderung. Die Formänderungsverteilung ist ungleichmäßiger, die Ziehtiefen sind kleiner.

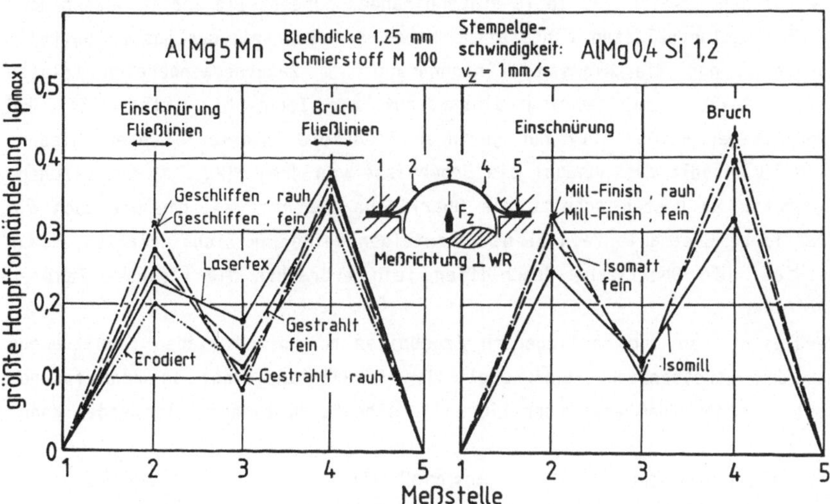

Bild 78: Formänderungsverteilung beim reinen Streckziehen.

Sengupta u.a. /104/ ergänzen, daß bereits bei Berührungsanfang die höchsten Einglättungen vorkommen, später in Stempelkontakt tretende Oberflächenbereiche glätten weniger stark ein, da die Grundschicht bereits verfestigt vorliegt. Die Reibzahl selbst nimmt bei Fließ- bzw. Verfestigungsbeginn um ca. 11-14 % zu.

Dieser Reibzahlsprung bedingt durch das Aufbrechen von Oxidschichten bei gleichzeitigem Abfall des lokalen Schmierstoffdruckes, kann durch Oberflächen mit tribologisch günstigeren Strukturen besser abgefangen werden. Hierbei werden die Schmierstoffanteile eingeschlossen und unter hydrostatischen Druck gesetzt.

6.5 KAROSSERIEZIEHTEIL

Als Ergänzung und Überprüfung der bisher erhaltenen Ergebnisse wurde ein ziehtechnisch nicht einfaches Karosserieziehteil (Pedaltopf) gezogen. Da die Fertigungssicherheit im wesentlichen von der Tribologie im Flansch- und Ziehringradiusbereich abhängt, wurde ein Teil mit großer Ziehtiefe und kleinem Ziehringradius gewählt. Bei einem anfänglichen Niederhalterdruck von 1 N/mm² und hinreichender Schmierstoffmenge wurden für die AlMg 5 Mn-Oberflächen jeweils 100 Teile hintereinander hergestellt und in verschiedene Beurteilungsklassen eingeteilt. Neben der Beurteilungsklasse "Gutteil" wurden ferner die Klassen "Einschnürung" im Zargeneckenbereich (Klasse III), "Reißer" am Ziehringradiusauslauf zur Zarge hin (Klasse II) und "vorzeitiger Reißer" bei nur geringer Ziehtiefe (Klasse I) unterschieden. Bild 79 enthält als Auswahl die Ergebnisse von drei AlMg 5 Mn-Oberflächen. Eindeutig am besten schnitt die Oberfläche Lasertex ab, die wie auch die Oberfläche Gestrahlt fein keine vorzeitigen Reißer im Ziehringradiusauslauf aufwies. Die Oberfläche Geschliffen fein erbrachte die kleinste Zahl an Gutteilen.

Vergleicht man die vorliegenden Ergebnisse mit den Aussagen resultierend aus dem Streifenziehversuch bzgl. der Adhäsionsneigung, so kann festgestellt werden, daß eine korrelierende Reihenfolge aufgestellt werden kann.

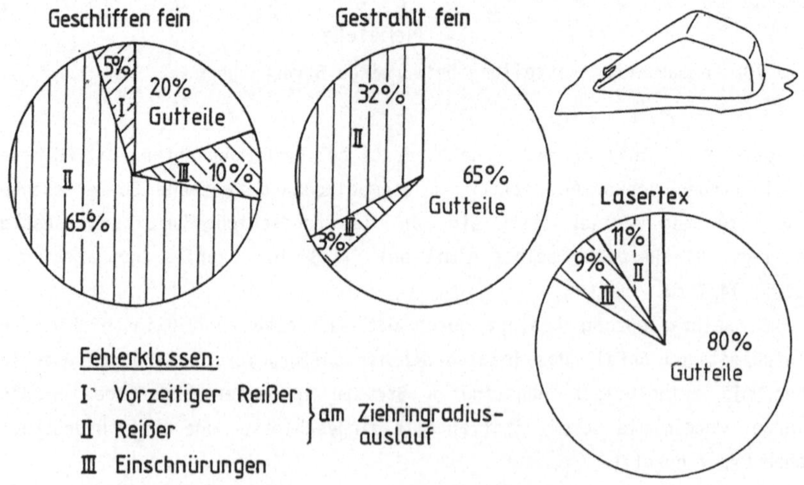

Bild 79: Fertigungssicherheit beim Ziehen von Karosserieteilen bei ausgewählten Oberflächenqualitäten.

Dies läßt den Schluß zu, daß Oberflächen, die im Modellversuch Streifenziehen eine höhere Adhäsionsneigung zeigen, auf eine niedrigere Fertigungssicherheit hindeuten.

Ergänzend wurde eine Formänderungsanalyse durchgeführt (Bild 80), welche analog Abschnitt 6.1.1 für die Oberflächen Gestrahlt fein und Lasertex einen größeren Abstand zum Einschnürungsbereich der Grenzformänderungskurve ergaben als die anderen untersuchten Oberflächen. Darüber hinaus wird für die Oberfläche Lasertex eine Art "Selbstreinigungseffekt" vermutet, weil durch die kraterförmige Rauheitsstruktur Abrieb und Schmutzpartikel aus dem Werkzeug herausgeführt werden können. Auch besitzt die Oberfläche Lasertex keine überlagerte Rauheit höherer Ordnung wie z.B. die Oberfläche Erodiert, was von vornherein eine erhöhte Abriebbildung ausschließt.

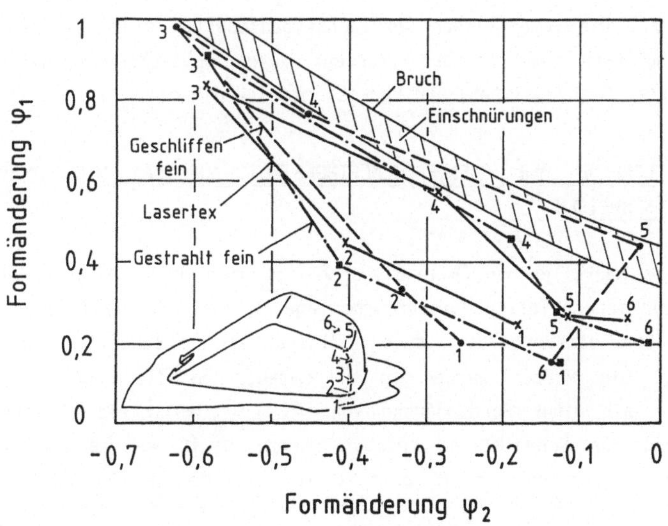

Bild 80: Formänderungsanalyse am Karosserieziehteil (Pedaltopf).

Die ziehtechnisch optimale Oberflächentopographie kann Eigenschaften mit sich führen, die sie für die Weiterverarbeitung oder wegen nicht hinreichender Gebrauchsqualität ausscheiden lassen.

In den nachfolgenden Abschnitten soll dieser Frage nachgegangen werden. Betrachtet werden dabei die einzelnen Oberflächen im umgeformten Zustand anhand von Bauteilproben oder anhand ganzer Ziehteile. Als Weiterverarbeitungsverfahren steht dabei das Widerstandspunktschweißen (WPS) zur Diskussion, da z.B. die Klebetechnik noch keinen breiten Eingang in die Karosseriemontage gefunden hat. Außerdem bewirkt eine höhere Blechrauheit im vorliegenden Rahmen grundsätzlich eine Steigerung der Klebstellenfestigkeit /107/. Die wesentlichen Gebrauchseigenschaften einer Karosserieteiloberfläche nach dem Lackieren lauten: gutes optisches Erscheinungsbild (Appearance, Glanzqualität) und Korrosionsbeständigkeit.

7.1   EINFLUß DER OBERFLÄCHENFEINGESTALT AUF DAS WIDERSTANDSPUNKTSCHWEIßEN

Anhand von Bauteilproben (Bild 81) ohne Vorbehandlung, d.h. ohne Reinigung, analog zur industriellen Karosseriemontage, wurden die Oberflächen auf ihr Verschweißbarkeitsverhalten durch Widerstandspunktschweißen (WPS) untersucht. Die Proben wurden so entnommen, daß die Eckenbereiche der Ziehteile mit einer Formänderung von $\varphi_1 = \varphi_2 \approx 0,1$ als Fügestelle zur Anbringung der Schweißlinse nutzbar waren. Damit war es auch möglich, verschiedene Paarungen gemäß Bild 81 als weitere Oberflächeneinflußgröße mitzuerfassen.

Gemessen wurde zunächst der Übergangswiderstand $R_{ü}$ infolge des Spannungsab-

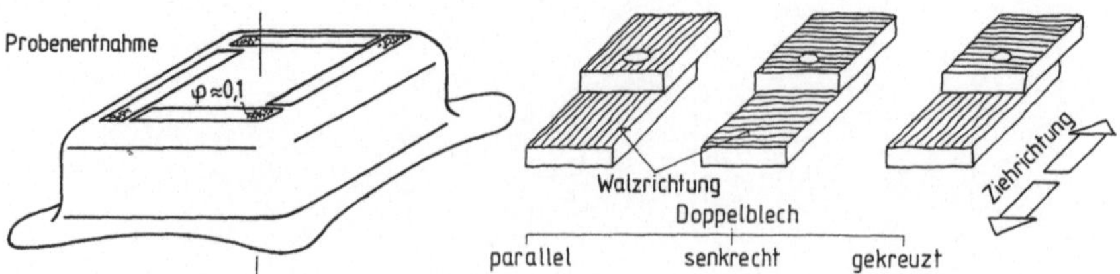

Bild 81: Probenentnahme und Blechpaarung für die Widerstandspunktschweißuntersuchungen.

falls an den Elektroden, was als Beurteilungskriterium für das Schweißver-
halten gilt. In einem bestimmten Rahmen ergeben höhere Übergangswiderstände
eine höhere Schweißpunktfestigkeit /107, 109/.

Aus Vorversuchen wurde für einen anzustrebenden Linsendurchmesser von ca.
5 mm der Schweißstrom mit I_S = 24 kA ermittelt. Elektrodenkraft und
Schweißzeiten wurden wie folgt gewählt: Elektrodenkraft F_{El} = 3,4 kN,
Vorhaltezeit t_{VH} = 99 Perioden, Stromzeit t_S = 5 Perioden, Nachhaltezeit
T_{NH} = 15 Perioden. Die Vorhaltezeit wurde so gewählt, daß der Punktschweiß-
anlage Zeit gegeben war, die Elektrodenklemmkraft zu stabilisieren. Zur
Minimierung des Einflusses der Elektrodenqualität wurde nach jedem dritten
Schweißpunkt eine neue Elektrode eingebaut.

Die Scherzugbruchkraft F_{Sch} an den geschweißten Proben wurde nach
DIN 50 124 /108/ auf einer entsprechenden Prüfanlage ermittelt.

Bild 82 vergleicht die Scherzugbruchkräfte der AlMg 5 Mn-Oberflächen. Der
Mittelwert aller Scherzugbruchkräfte betrug 3900 N, der Streubereich lag
bei ±10 %. Diese Schwankungen sind beim Punktschweißen von nur einer
Oberflächenqualität durchaus üblich. Die beiden Oberflächen Lasertex und
Erodiert lagen etwas unterhalb des Mittelwertes. Für die Oberfläche
Erodiert deutete sich dieser Sachverhalt durch geringe Übergangswiderstände
an (Bild 83). Infolge der höheren Rauheit dieser Oberfläche sinken
vermutlich die Rauheitsrandschichten in den Kontaktflächen Elektrode/Blech
und Blech/Blech verstärkt ineinander ein.

Die Scherzugbruchkräfte der AlMg 0,4 Si 1,2-Oberflächenqualitäten lagen bei

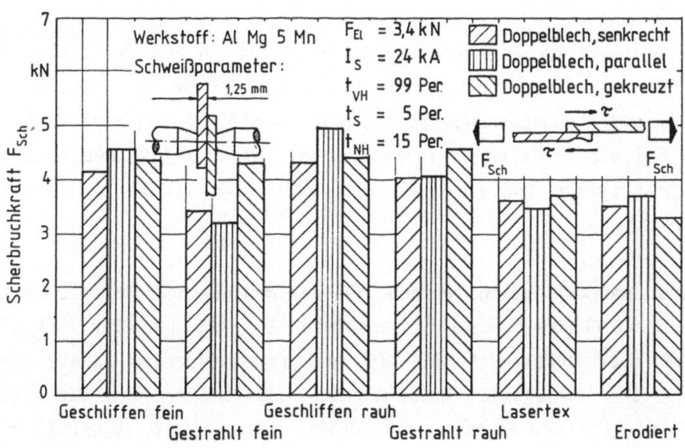

Bild 82: Einfluß der Oberflächen auf die Scherbruchkraft.

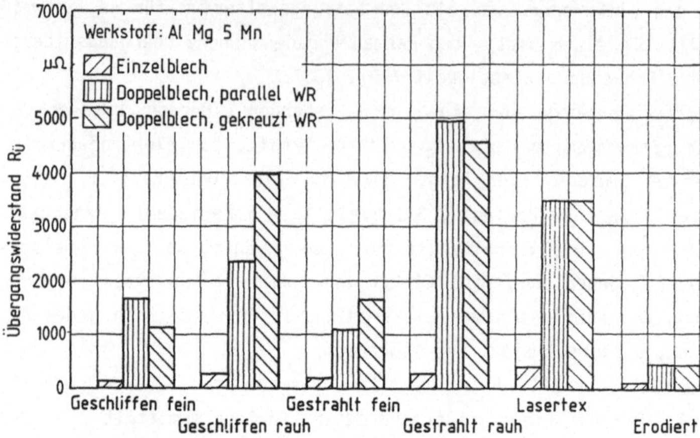

Bild 83: Einfluß der Oberflächen auf den Übergangswiderstand.

gleichen Schweißparametern etwa um die Hälfte niedriger, die Übergangswiderstände betrugen nur ca. 10 % bis 50 % der Werte der AlMg 5 Mn-
Oberflächen. Der Einfluß der vergleichsweise dickeren Randschicht der
AlMg 5 Mn-Oberflächen scheint eine dominierende Rolle einzunehmen, da vor
allem bei der Messung der Übergangswiderstände der AlMg 5 Mn-Oberflächen
starke Streuungen (Faktor 5) auftraten, ein Einfluß der Oberflächenrauheit
oder Richtungspaarung war allerdings nicht zu erkennen. Die Ergebnisse für
Übergangswiderstand und Scherzugbruchkraft waren für die AlMg 0,4 Si 1,2-
Oberflächen annähernd unabhängig von Rauheit und Walzrichtungspaarung.

In einer weiteren Untersuchung wurden Schliffbilder der Punktschweißlinsen
angefertigt. Auch hier konnte kein erkennbarer Einfluß von Oberflächenfeingestalt und Richtungspaarung festgestellt werden. Den einzigen Unterschied
verursachten die Legierungen selbst, wobei die AlMg 5 Mn-Legierung in der
Schweißlinse Lunker und Poren aufwies, die AlMg 0,4 Si 1,2-Schweißlinsen
dagegen nicht.

Zusammenfassend kann gesagt werden, daß bei den durchgeführten Untersuchungen zur Schweißbarkeit kein nennenswerter Einfluß der Oberflächenfeingestalt auf die Schweißpunktqualität festgestellt werden konnte, und daß
innerhalb der vorliegenden Rauheitsgrade jegliche Art von Oberflächenge-
staltung möglich ist, ohne daß dabei entscheidend Einfluß auf die
Schweißpunktqualität genommen wird, zumal die Möglichkeit besteht, durch
Anpassen der einzelnen Schweißparameter geringfügige Unterschiede, herrührend von der Oberflächenqualität, zu kompensieren.

7.2 EINFLUß DER OBERFLÄCHENFEINGESTALT AUF DAS OPTISCHE ERSCHEINUNGSBILD NACH DEM LACKIEREN

Ein mitentscheidender Grund für die Wahl einer Blechqualität für die Automobilaußenhaut ist letztlich ihr Einfluß auf das optische Erscheinungsbild (Appearance) nach dem Lackieren.

Zur qualitativen Klärung dieser Frage für die vorliegenden Blechoberflächen wurden Tiefziehteile gemäß Abschnitt 6.1 mit einer üblichen sogenannten Drei-Schicht-Lackierung (Grundschicht, Tauchlack, Füller und Decklack) versehen. Hierbei wurden zwei Wege beschritten. Einerseits wurden Ziehteile in die Pkw-Fertigungslinie gegeben und zum anderen wurde unter Laborbedingung ein nahezu reproduzierbarer Lackaufbau erstellt. Ziehteile aus dieser Serie wurden später für die Korrosionsuntersuchungen entnommen (vgl. Abschnitt 7.3).

Bild 84 zeigt Vorgehensweise und Ergebnisse der Lackieruntersuchungen. Zunächst müssen die beiden Legierungen getrennt betrachtet werden, da alle AlMg 5 Mn-Oberflächen auch nach dem Lackieren Fließfiguren sogar verstärkt erkennen ließen. Es wurde daher der Versuch vom beurteilenden Fachmann unternommen, möglichst nur fließfigurenfreie Zonen zu berücksichtigen.

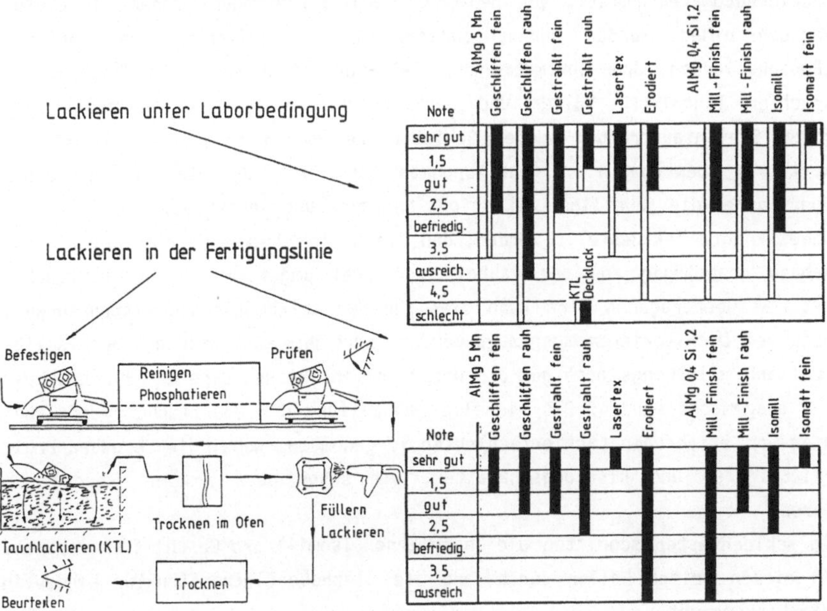

Bild 84: Lackierergebnisse unter Labor- und Fertigungsbedingung (KTL: kathodisch aufgebrachter Tauchlack).

Lackieren in der Fertigungslinie

Wie auch aus vorangegangenen Untersuchungen schon deutlich wurde, scheint die Randschichtbeschaffenheit die Lackqualität mit zu beeinflussen, sonst könnten für die beiden Legierungen bei vergleichbaren Oberflächenstrukturen kaum die z.T. gegenläufigen Beurteilungen vorgenommen worden sein. Die gerichtete Oberfläche Mill-Finish fein durchdrang am deutlichsten die Lackschicht, was von der Oberfläche Geschliffen fein nicht gesagt werden konnte.

Bei den Oberflächen Isomill und Mill-Finish rauh war die Blechoberfläche zwar zu erahnen, sie wirkte aber nicht besonders störend.

Allgemein kann für diese Untersuchung gesagt werden, daß gerichtete Oberflächen im Lack wiedererkennbar sind, d.h. sie zeigen entsprechend der Grundstruktur Ausrichtungen in der Lackstruktur.

Quasi-isotrope Oberflächen wie Lasertex und Isomatt zeigten gute bis sehr gute Lackstände. Sie erzeugten ruhige Oberflächen, wobei besonders bei Lasertex ein sehr gutes Erscheinungsbild auftrat.

Lackieren unter Laborbedingung

Bei den Lackierversuchen im Labor konnten die einzelnen Schichten mit Lackierautomaten relativ gut reproduzierbar aufgetragen werden. In diesen Versuchsreihen wurden unter anderem die Grundierschichten variiert (Phosphatierung, Grün-Chromatierung, Gelb-Chromatierung), kathodisch aufgebrachter Tauchlack, Füller und Decklack wurden konstant belassen. Nach jeder Schichtauftragung wurden Schichtdicke und arithmetischer Mittenrauhwert R_a bestimmt, um Anhaltspunkte zu erfahren, wie die einzelnen Oberflächen die jeweilige Lackschicht annehmen und verteilen.

Dabei konnte festgestellt werden, daß die Schichtdicke für alle Oberflächen nahezu unabhängig von der Rauheit der frei umgeformten Blechoberflächen ist. Im übertragenen Sinn kann dies für den arithmetischen Mittenrauhwert nach dem Decklackieren ausgesagt werden. Nach dem kathodischen Tauchlackieren kann allerdings noch gut die ursprüngliche Reihenfolge der Blechrauheiten ausgemacht werden. Die visuelle Beurteilung der Oberflächen wurde auch hier von erfahrenen Lackierfachleuten vorgenommen, wobei die Vorgaben bzgl. Fließfiguren und Richtungscharakter, wie schon oben erwähnt, abgesteckt waren.

Am schlechtesten schnitten die Oberflächen Isomill und Geschliffen rauh ab. In diesen beiden Fällen durchdrang die Blechoberflächenstruktur eindeutig die Lackschicht.

Einen guten Eindruck machten die Oberflächen Gestrahlt fein und rauh sowie

Lasertex und - im Gegensatz zur fertigungsnahen Untersuchung - auch die Oberfläche Erodiert. Das beste Ergebnis lieferte übereinstimmend mit der anderen Versuchsreihe die Oberfläche Isomatt.

Zusammenfassend kann festgestellt werden, daß quasi-isotrope Oberflächen eine günstigere Ausgangsposition für die Lackierung bieten und ein durchschnittlich besseres optisches Erscheinungsbild nach dem Lackieren aufweisen. Es kann darüber hinaus vermutet werden, daß sich quasi-isotrope Oberflächen nach dem Rohbaufinish (Schleifarbeiten an der Blechoberfläche) nicht so deutlich wie z.B. gerichtete Oberflächen vom diffusen Riefenbild des Schwingschleifers abheben.

7.3 EINFLUSS DER OBERFLÄCHENFEINGESTALT AUF DIE KORROSIONSBESTÄNDIG-KEIT NACH DEM LACKIEREN

Einflüsse auf die Korrosionsbeständigkeit der lackierten Oberflächen könnten die beim Ziehen entstandenen "zugeschmierten" Mikrohohlräume im Flansch- oder Ziehringradiusbereich ausüben. Diese Mikrohohlräume können noch Schmierstoffpartikel enthalten, welche durch das Reinigungsbad nicht vollständig entfernt wurden. Der aus der Randschicht herausdiffundierende Schmierstoff wäre dann in der Lage, korrosive Schäden oder Lackunterwanderungen hervorzurufen.

Um auch diese Problemstellung für die einzelnen Oberflächenqualitäten klären zu können, wurden die in Abschnitt 7.2 beschriebenen Ziehteile im lackierten Zustand dem heute in der Automobilindustrie üblichen VDA-Wechseltest /110/ zur Simulation des Korrosionsverhaltens im Straßenverkehr unterzogen /111/. Die Teile wurden dabei zyklisch wechselndem Salzsprühnebel und einer Freibewitterung ausgesetzt. Die Zwischenauswertung ergab nach viermonatiger Freibewitterung keine Hinweise auf einen Einfluß der Oberflächenfeinstruktur, d.h. alle untersuchten Oberflächen wiesen auch in den kritischen Zonen keine Korrosionserscheinungen auf.

Der Einsatz einer Blechqualität für den Karosseriebau ist letztlich an eine Vielzahl von Anforderungen und Bedingungen geknüpft; daß dabei die Blechoberfläche mit eine zentrale Bedeutung einnimmt, wurde in Kapitel 2 erörtert. Die Auswahl bzw. der Entscheidungsprozeß kann vergleichbar mit dem Ablauf einer systematischen Konstruktion vorgenommen werden.

Ausgehend von den geforderten Funktionen oder Gebrauchseigenschaften sowie von dem erwünschten Bearbeitungsverhalten kann das Lastenheft für den zu "konstruierenden Gegenstand: Halbzeug aus Aluminiumfeinblech mit einer optimalen Oberfläche für den Karosseriebau" erstellt werden, um so der Fertigungsplanung sowie der Blecheingangskontrolle Unterstützung bei der Lösung ihrer Aufgaben zu geben. Entsprechend dieser Vorgehensweise werden im nachfolgenden die Ergebnisse der Untersuchung zusammengefaßt.

Gebrauchseigenschaft, Lackierung

Oberflächenstrukturen, die keinen ausgeprägten Richtungscharakter aufweisen, ergeben nach dem Lackieren ein besseres optisches Erscheinungsbild.

Diese sogenannten quasi-isotropen Oberflächen grenzen sich nicht so deutlich von im Rohbaufinish verschliffenen Flächen ab.

Durch eine Rauheitsoptimierung läßt sich das Durchschimmern von Fließfiguren bei naturharten Legierungen nicht unterdrücken.

Selbst Bleche hoher Rauheit (bis $R_z \approx 15$ µm) lassen sich durch herkömmliche Dreischicht-Lackierverfahren relativ gut lackieren, so daß auch beim Umformen unterschiedlich frei aufgerauhte Oberflächenbereiche nach dem Lackieren ein einheitliches optisches Erscheinungsbild abgeben.

Nach den bisher vorliegenden Erkenntnissen wird die Korrosionsneigung bei Variation von Oberflächenstrukturen nicht beeinträchtigt.

Bearbeitung, Widerstandspunktschweißen

Durch Anpassung der Schweißparameter lassen sich die geringfügigen Auswirkungen einer Oberflächenvariation ausgleichen. Oberflächen, die eine höhere Rauheit aufweisen, sind mit weniger Aufwand und geringerer Gefahr von Nebenschlußeffekten verschweißbar.

Handhabung, Lagerung und Reinigung

Rauhere und isotrope Oberflächen sind weniger kratzerempfindlich. Sehr rauhe Oberflächen enthalten allerdings mehr Schmutz und Schmierstoffrückstände, so daß das Reinigungsbad höher belastet wird.

Bearbeitung, Karosserieziehen

Durch die Wahl einer optimalen Blechoberflächenfeingestalt läßt sich die Fertigungssicherheit gegenüber herkömmlichen Oberflächen (Geschliffen fein, Mill-Finish fein) deutlich erhöhen. Gleichzeitig sinkt die Neigung zu Adhäsionserscheinungen (Werkstoffübertragungen).

Zu hohe Blechrauheiten (R_z > 6-7 µm) führen zu intensiver Abriebbildung. Infolge einer dickeren Oxidschicht tritt dies verstärkt bei den naturharten Oberflächenqualitäten auf, die auch eher tribochemische Reaktionsprodukte entwickeln (Magnesiumgeruch, graphitartige Partikel im Schmierstoff nach dem Umformen). Günstige Oberflächenstrukturen bewirken darüber hinaus eine fortlaufende Reinigung des Ziehwerkzeuges (hinreichendes Aufnahmevermögen von Schmutzpartikeln oder anderen Rückständen).

Trägt die Oberflächenstruktur zur Reibzahlabsenkung im Flanschbereich bei, kann der Niederhalterdruck erhöht werden, so läßt sich damit die Neigung zur Faltenbildung 1. Ordnung senken.

Bildet sich darüber hinaus eine gleichmäßige Reibungsverteilung aus, kann im Flanschbereich eine ausgleichende Werkstoffflußbewegung einsetzen, so daß Werkstoffaufdickungen infolge tangentialer Druckspannungen in den Eckenbereichen teilweise unterdrückt werden. Damit erfährt das Ziehteil eine gleichmäßigere Formänderungsverteilung. Bei Streckziehbeanspruchung läßt sich eher ein gutes Ziehergebnis ohne hohe örtliche Blechdickenabnahmen erreichen.

Liegt auch entlang der Stempelberührfläche bei unebenen Bodenformen eine kleinere Reibzahl bei den dort vorkommenden kleinen Relativbewegungen vor, unterstützt dies den Verfestigungsmechanismus des Bleches, da die Dehnungen durch niedrigere Kontaktreibung nicht behindert werden, zumal auch höhere Kraftanteile über den Stempelradius eingeleitet werden können. Folglich nimmt die Formgenauigkeit des Ziehteiles zu. Die naturharten Blechqualitäten reagieren im weichgeglühten Zustand hierauf wesentlich empfindlicher als die aushärtbaren Legierungen, die grundsätzlich ungleichmäßigere Dehnungsverteilungen annehmen.

Eine höhere Ziehgeschwindigkeit senkt die Adhäsionsneigung und die Reibzahl, leider aber auch das Formänderungsvermögen. Außerdem treten weitere fertigungstechnische Grenzen auf.

Durch die Wahl eines geeigneten Werkzeugwerkstoffes läßt sich die Adhäsionsneigung senken. Mit einer zusätzlichen Oberflächenbehandlung ruft man in vielen Fällen eine Reibzahlzunahme hervor und nicht zwingend eine Senkung der Adhäsionsneigung.

Ob entlang dem Ziehring Einglättung oder Aufrauhung dominieren, ergibt sich spezifisch für jede Oberfläche in Abhängigkeit vom Ziehringradius. Bei zu starker Aufrauhung entlang des Ziehringradius reicht die dorthin transportierte Schmierstoffmenge nicht aus, worauf es zu Werkstoffübertragungen kommt.

Die verhältnismäßig kleinsten Aufrauhungen infolge Formänderung im Grundwerkstoff, die auch tribologisch am günstigsten sind, erfahren die anfänglich nicht zu glatten Oberflächen ($R_z > 4$ µm).

Die Temperaturentwicklung im Flanschbereich ist neben der Formänderungsarbeit abhängig vom Ziehweg, der Geschwindigkeit, der Flächenpressung, der Schmierstoffviskosität der Legierung, dem Mikroflächentraganteil und der Rauhheitsstruktur. Ein höherer Mikroflächentraganteil ergibt bei gleicher Rauheitsstruktur eine höhere Temperaturzunahme. Dies wiederum bewirkt im Mikrobereich eine lokale Senkung der Viskosität und daher eine Gefährdung des Grenzschmierfilmes.

Schmierstoffe höherer Viskosität mindern den Einfluß der Oberflächenfeingestalt, werden aber nur ungern eingesetzt, da sie unter anderem schlecht entfernbar sind und das Reinigungsbad vor dem Lackieren belasten.

Eine der Viskosität untergeordnete Bedeutung nimmt die Additivierung der Schmierstoffe ein.

Die optimale Schmierstoffmenge ist abhängig von der Oberflächenrauheit. Bei idealer Schmierstoffmenge läßt sich z.B. beim Tiefziehen die kleinste maximale Ziehkraft unter sonst gleichen Bedingungen erreichen. Bei zu hohen Schmierstoffmengen schwimmt der Flansch auf, und die Gefahr der Faltenbildung entsteht. In den auch durch Blechaufdickung entstandenen Makroschmiertaschen bilden sich leichter Falten, so daß insgesamt eine erhöhte Ziehkraft notwendig wird. Zu kleine Schmierstoffmengen erlauben, wenn überhaupt, einen nur ungünstigen Mischreibungszustand.

Die AlMg 5 Mn-Oberflächen zeigen ein weniger ausgeprägtes Minimum des Ziehkrafthochpunktes als Funktion der Schmierstoffmenge. Verantwortlich dafür ist die dicke und poröse Blechrandschicht, die sich durch eine Art Notlaufeigenschaft auszeichnet oder auch bei Anwesenheit von etwas zuviel Schmierstoff ausgleichend wirkt.

Die für die AlMg 5 Mn-Qualitäten als ziehtechnisch am günstigsten ermittelte Lasertexoberfläche ergab bei einem Vergleich mit PVC-Folie als "Schmierstoff" nur geringfügige Unterschiede in der Ziehreserve.

Insgesamt kann der Schluß gezogen werden, daß mit der als optimal empfundenen Oberfläche eine sichere Fertigung von Aluminiumziehteilen ohne

Folie auch für Außenteile bei allerdings sorgfältiger Handhabung vorgenommen werden kann.

Welche Eigenschaften die optimale Oberfläche haben sollte und welche Anforderungen aus dem bisher Zusammengefaßten an die Oberfläche erwächst, wird im nachfolgenden Abschnitt beschrieben.

8.1 ANFORDERUNGEN AN DIE OPTIMALE OBERFLÄCHENFEINGESTALT

Basierend auf Überlegungen aus Kapitel 5 und den vorangehend zusammengestellten Erfahrungen kann nun ein ausführlicher Anforderungskatalog bzgl. der Oberflächenfeingestalt in Abhängigkeit vom Grundwerkstoff und deren geduldeter Veränderung während des Umformvorganges aufgelistet werden:

1) Oberflächenfeinstrukturen ohne Vorzugsrichtungen (quasi-isotrop) sorgen für einheitlichen Schmierstofftransport, richtungsunabhängige Reibungsmechanismen und für ein optisch diffuses Erscheinungsbild;

2) eine Mindestrauheit dient zur Aufnahme von Schmierstoff, tribochemischen Reaktionsprodukten, Abrieb- und Schmutzpartikeln, sie ist abhängig von der Korngröße des Grundwerkstoffes; je höher die Korngröße ist, desto größer sollte die Blechausgangsrauheit sein, mindestens $R_z \gtrsim$ 3-4 µm;

3) Aufrauhungen bzw. Rauheitsunterschiede bei Formänderungsbeanspruchung des Grundwerkstoffes dürfen nicht zu groß werden;

4) Einschränkung der Rauheit nach oben, da bei zu hoher Rauheit starke Abriebbildung auftritt, Schmierstoff kann schlecht gehalten werden, R_z < 7 µm;

5) keine überlagerte Mikrorauheit (Gestaltabweichung höherer Ordnung), da sonst Gefahr verstärkter Abriebbildung, Schmierstoff kann schlechter entfernt werden;

6) einzelne Rauheitserhebungen sollen schmal und spitzkämmig sein, so daß kleine Mikrogleitflächen entstehen;

7) Kollektiv an Rauheitserhebungen soll einheitlich hoch sein zur gleichmäßigen Übertragung der einwirkenden Normalkraft bzw. insgesamt zur Senkung der Mikroflächenpressung;

8) Dichte von Rauheitserhebungen soll hinreichend groß sein zur Senkung der Mikroflächenpressung;

9) Rauheitsvertiefungen sollen abgeschlossene Mikrokrater (Bild 85) bilden, so daß der Schmierstoff in einer Art Mikrodruckkammersystem während des Gleitvorganges festgehalten wird; ein kommunizierendes Kanalsystem läßt dagegen den Schmierstoff abfließen, günstiges Verhältnis Kraterdurchmesser zu gemittelter Rauhtiefe R_z ungefähr 10 : 1;

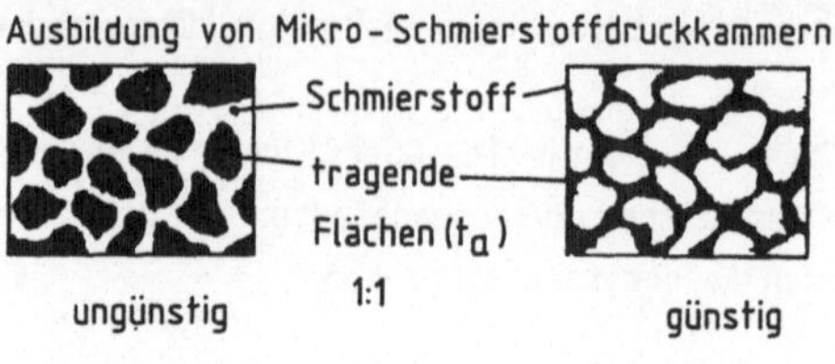

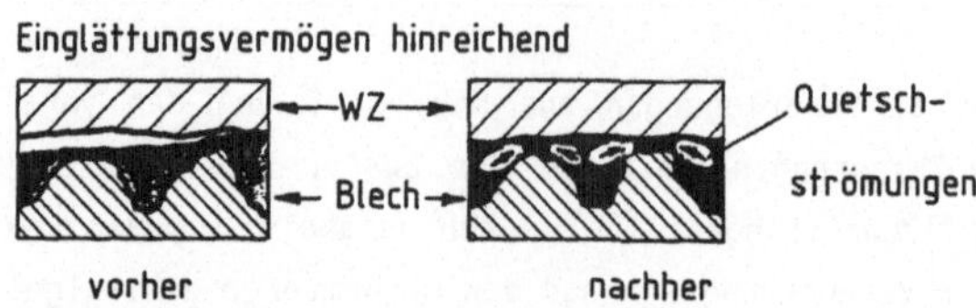

Bild 85: Anforderungen an die optimale Oberfläche.

10) Einglättungsvermögen der Rauheitsrandschicht muß hinreichend vorhanden
    sein, Einglättung muß gleichmäßig ablaufen, so daß Schmierstoff über
    längere Gleitwege und/oder auch bei Aufrauhung in die Mikrogleitflächen
    gequetscht werden kann zur Aufrechterhaltung bzw. zur hydrodynamischen
    Unterstützung von Grenzschmierfilmen (Bild 85), höhere räumliche Leere-
    grade kennzeichnen hohes Einglättungsvermögen $\lambda_r \gtrsim 0{,}7$.

Vor allem die Punkte 9 und 10, in ihrer Verknüpfung als plasto-hydrodynamische Mikrodruckkammerschmierung bezeichnet, können als zentrale Aussage der
vorliegenden Untersuchung gewertet werden.
Hierzu bieten sich zwei Analogien zu weiteren tribologischen Systemen an.

In hoch belasteten Brückenlagern, beansprucht durch hohe Flächenpressungen
und kleine Relativbewegungen, sind kalottenförmige und mit kraterartigen
Vertiefungen versehene PTFE-Scheiben in dicke Stahlkörper eingesetzt. In
den als Schmierstoffspeicher dienenden Vertiefungen befindet sich Siliconfett. Gleichläufig zur Zunahme der Flächenpressung geben die PTFE-Körper
nach, drücken aber gleichzeitig das Siliconfett aus ihren Kammern, so daß
immer eine horizontale Gleitbewegung zum Bewegungsausgleich gewährleistet
ist /112/.

Wesentlich komplizierter ist die Tribologie des menschlichen Gelenkes (Bild
86). Um einen reversiblen Mechanismus zu gewährleisten, besteht der
Schmierstoff (Synovialflüssigkeit) aus zwei untereinander nichtlöslichen
Komponenten mit stark unterschiedlicher Viskosität. Ferner ist das mit der

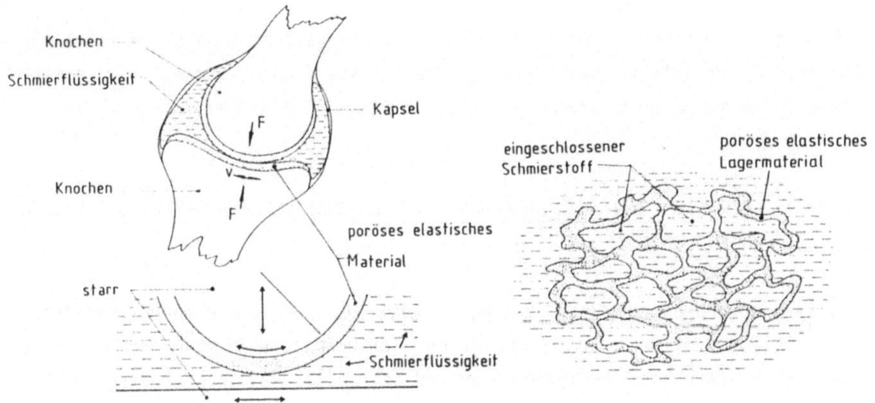

Bild 86: Tribologie des menschlichen Gelenkes /52/.

Blechrauheit vergleichbare Lagermaterial porös und elastisch (Knorpel-
schicht). Bei hoher Flächenpressung und relativ kleiner Gleitgeschwindig-
keit federt das Lagermaterial elastisch ein, der dünnflüssige Schmierstoff
entweicht durch die Poren, so daß der dickflüssige Schmierstoff zur
Kraftübertragung und zur Aufrechterhaltung des Grenzschmierfilmes zwischen
dem Lagerwerkstoff beitragen kann /52/.

In Fortführung der Oberflächenproblematik in der Blechbearbeitung soll
schließlich noch auf die Frage nach der zweckmäßigsten Beschreibbarkeit
bzw. Prüfbarkeit der Ausgangsblechrauheit auf ihr tribologisches Verhalten
beim Ziehen eingegangen werden.

Wie aus der Untersuchung zu entnehmen ist, kann keine Maßzahl allein
erschöpfende Auskunft geben.
Einen sehr hohen Informationsgehalt bietet jedoch die Bestimmung des
Mikroflächentraganteils als Funktion der Flächenpressung. Ob nun z.B. eine
kraterförmige Struktur vorliegt, oder ob die Rauheitstäler miteinander
verbunden sind, kann durch diese Methode auch nicht mit letzter Gewißheit
beantwortet werden. Hierzu sind noch weiterführende Untersuchungen zur
Verbesserung der Meßmethode notwendig. Vielversprechende Ansätze bietet
z.B. auch die lichtmikroskopische Bestimmung der Rauheitstopographie
(Interferometrie, Speckle-Kontrast-Verfahren mit nicht kohärentem Licht)
/55/.
Mit entsprechend hohem Aufwand lassen sich auch durch die herkömmliche
Tastschnitt-Rauheitsmessung Informationen zur räumlichen Ausbildung der

Oberflächentopographie gewinnen. Als erste Abschätzung können Profiltraganteilkurve, gemittelte Rauhtiefe R_z, gemittelte Glättungstiefe R_{pm}, ermittelt in verschiedenen Winkeln zur Walzrichtung, dienlich sein.

8.2 HINWEISE FÜR DIE ERZEUGUNG DEFINIERTER OBERFLÄCHENFEINSTRUKTUREN DURCH WALZEN

Nachdem ausgehend von Überlegungen in Kapitel 4 und 5 die Oberflächenfeingestalt variiert und optimiert, deren ziehtechnische Eignung in Kapitel 6 überprüft sowie die Randbedingungen von seiten der Weiterverarbeitungs- und Gebrauchseigenschaften geklärt wurden, soll schließlich zur Vervollständigung der angestrebten "durchgängigen" Betrachtungsweise die sich für den Halbzeughersteller ergebende Frage nach der Realisierbarkeit der in Abschnitt 8.1 gesetzten Forderungen an die Blechoberfläche erörtert werden. Hierzu wurden die Erfahrungen beim Walzen der AlMg 5 Mn-Oberflächen mit herangezogen.

Da beim Walzen von Aluminiumblechen kein Dressierstich notwendig ist, wird die Blechrauheit bei Stichabnahmen zwischen 30 und 50 % im letzten Walzgerüst erzeugt.
Nach Pfleger /38/ reichen aber bereits Stichabnahmen von 7 % aus, um eine eindeutige Abbildung der Walzenrauheit auf die Blechoberfläche zu erzielen. Das in Prozent angegebene Übertragungsverhältnis $ü_R$ wird ausgedrückt als Verhältnis von Bandrauheit zur Walzenrauheit /113/.

Bei der Erzeugung der Oberflächenfeingestalt nimmt die Blechrauheit die Gestalt der Walzenoberfläche nur in einem bestimmten Maß in Abhängigkeit von Walzschmierstoff, Walzgeschwindigkeit, Stichabnahme, Blecheingangsrauheit und Blechwerkstoff an.
Bisher üblich ist die Walzenpräparation (gezielte Walzenaufrauhung) durch Schleifen der Walzen (Mill-Finish, Geschliffen) mit Korundschleifscheiben.
Nur wenige Forderungen gemäß Abschnitt 8.1 sind hierbei erfüllbar, zudem ist eine schlechte Reproduzierbarkeit des Walzenschliffes gegeben, was sich auch in den oft differierenden Rauheitsmaßzahlen von Blechvorder- und Rückseite wiederspiegelt. Bei umfangsgeschliffenen Walzen wurden für den Rauheitsgrad "fein" ein Übertragungsverhältnis von 76 % und für den Rauheitsgrad "rauh" 64 % gemessen.

Die Isomill-Walzenoberfläche kann gegenüber dem einfachen Schleifen als gute Lösung zur Herstellung von abgeschlossenen Schmierstoffkammern angesehen werden, zumal auch die meisten anderen Forderungen relativ gut erfüllt werden.

Das Strahlen der Arbeitswalzen mit Stahlkies oder Elektrokorund ermöglicht kaum eine reproduzierbare Aufrauhung von Arbeitswalzen, da eine Vielzahl von sich ändernden Verfahrensparametern Einfluß nehmen (Walzenwerkstoff, Walzengeometrie, Ausgangshärte der Walzenoberfläche, Oberflächenzustand nach dem Feinschleifen, Strahlgutbeschaffenheit, Schleuderraddrehzahl, Auftreffwinkel, Supportvorschub, Walzendrehzahl, Strahldauer). Die entsprechende Blechoberfläche ist zwar quasi-isotrop aber ungleichmäßig. Ebenso können die anderen Forderungen gemäß Abschnitt 8.1 nur zum Teil oder gar nicht erfüllt werden, wie z.B. kraterförmige Rauheitsvertiefungen. Auch stellt sich automatisch bei einer gewünschten höheren Rauheit eine Abnahme der Spitzenzahl und umgekehrt ein. Gestrahlte Walzen verschleißen schnell, schneller als geschliffene Walzen /14/.
Das Rauheits-Übertragungsverhältnis lag bei ca. 50 %, also unterhalb der Werte, die für die geschliffenen Walzen erzielt wurden. Ein Zeichen dafür, daß sich der Werkstoff nur bedingt der ungleichmäßigen Walzenstruktur anpaßt.

Durch funkenerosives Aufrauhen (Erodieren) von Arbeitswalzen wird eine sehr hohe Reproduzierbarkeit von Walze zu Walze bei angeblich weniger als 1 % Schwankung erreicht /115/. Die Verfahrensparameter sind CNC-gesteuert abrufbar. Bis zu 40 % höhere Spitzenzahlen gegenüber gestrahlten Arbeitswalzen sind nach diesem Verfahren realisierbar /22/. Infolge einer zusätzlichen Härtung der Arbeitswalzenrandschicht, welche mit dem Erodieren einhergeht, kann eine Standzeiterhöhung auf 200 % bis 300 % festgestellt werden /31/. Durch Erodieren ist ferner eine direkte Walzenpräparation ohne Vorbehandlung gleich nach Beendigung einer Walzenreise möglich.

Die Einstellung von kleineren Rauheitsmaßzahlen für das Aluminiumwalzen scheint jedoch nicht einfach zu sein. Bei Versuchen zeigten Walzen mit hoher Rauheit ein sehr ungünstiges Verhalten, da durch die sehr zerklüftete Walzenoberfläche Grundwerkstoff aus der Blechoberfläche herausgerissen wurde. Diese sogenannte Walzflitterbildung verunreinigt die Walzemulsion schnell und führt auch zu Oberflächenfehlern. Auf diesen Vorgang deutet auch das ungewöhnlich hohe Übertragungsverhältnis von 92 % hin.

Die Blechoberfläche erscheint ebenfalls sehr zerklüftet und mit einer überlagerten Gestaltabweichung höherer Ordnung versehen. Schließlich kann auch die Forderung nach abgeschlossenen Rauheitsvertiefungen weniger gut erfüllt werden, da in den tieferen, untereinander verbundenen Tälern der Schmierstoff abfließen kann.

Die Walzenaufrauhung durch Laserpulsen (Lasertexturieren), welches am Centre de Recherches Métallurgiques in Lüttich /70/ entwickelt wurde, erlaubt als einziges Verfahren das gezielte, definierte und reproduzierbare Erfüllen nahezu aller in Abschnitt 8.1 aufgestellten Anforderungen. Jede einzelne Rauheitsvertiefung wird dabei im Negativ durch den Laserpuls in die Walzenoberfläche eingraviert, wobei die Walzenrandschicht örtlich kurz angeschmolzen und unter Luftkühlung gleich ausgehärtet wird. Hieraus resultiert eine gegenüber dem Strahlen oder Schleifen höhere Walzenstand- zeit; auch sind Walzen mit bereits hoher Oberflächenhärte bearbeitbar. Das Übertragungsverhältnis erreichte bei vorliegender Untersuchung Werte um 57 %, was als hinreichend und durchaus üblich betrachtet werden kann.

Anhand zweier beim Blechumformen häufig eingesetzter Aluminiumlegierungen mit jeweils unterschiedlichen Oberflächenfeinstrukturen wurde der Einfluß der Oberflächenbeschaffenheit auf das Verhalten beim Tief-, Streck- und Karosserieziehen allgemein erfaßt.

Von großem Einfluß auf die Tribologie im Flansch- und Ziehringradiusbereich sowie entlang der Stempelberührfläche ist die Oberflächenwandlung, die bei freier und gebundener Rauheitsänderung in Abhängigkeit von der Formänderungsverteilung analysiert wurde. Dabei ergab sich, daß eine höhere Ausgangsrauheit eine kleinere Rauheitszunahme bei zunehmender Formänderung zur Folge hat, und daß ein kleinerer mittlerer Korndurchmesser einen ähnlichen Einfluß ausübt.

Durch eine Auger-Analyse wurde die Veränderung der chemischen Zusammensetzung der Randschicht der Bleche ermittelt, wobei beim Streckziehvorgang eine deutliche Oberflächenneubildung zu erkennen war.

Als bedeutende neue Erkenntnis - gewonnen durch den Modellversuch Streifenziehen - läßt sich festhalten, daß die Oberflächenfeinstruktur über ein Mindesteinglättungsvermögen in Verbindung mit abgeschlossenen Rauheitsvertiefungen verfügen sollte. In den mit der Werkzeugoberfläche in Kontakt tretenden Bereichen bilden sich so kleine abgeschlossene Schmierstoff-Mikrodruckkammern aus, die dann bei fortschreitendem Ziehweg und einhergehender Einglättung Schmierstoff in die unter Grenzschmierung stehenden Mikrogleitflächen fördern und damit einen günstigen Mischreibungszustand aufrechterhalten. Durch diese Grenzschmierfilme werden Adhäsionserscheinungen unterbunden und ein vorzeitiger Ausfall des Ziehwerkzeuges verhindert, so daß durchaus von diesem Aspekt her an das Weglassen einer Ziehfolie beim Umformen auch von Außenhautkarosserieteilen gedacht werden kann, wobei die Handhabung der Blechteile mit erhöhter Sorgfalt erfolgen sollte.

Beim Ziehen von Blechteilen sorgen tribologisch günstige Oberflächen für einen Abbau von hohen lokalen Formänderungen in den einschnürungs- und rißgefährdeten Bereichen. Ein durch kleine Reibzahlen ungehinderter und damit ausgleichender Werkstofffluß senkt in Verbindung mit höher einstellbarem Niederhalterdruck die Faltenbildung und die Neigung zu örtlichen

Aufdickungen. Der Einfluß der Schmierstoffmenge auf das Ziehkraftmaximum ergab sich als abhängig von Oberflächenmikrogeometrie und Blechlegierung.

Die naturharte Legierung AlMg 5 Mn, die gegenüber der aushärtbaren Legierung AlMg 0,4 Si 1,2 bessere Tiefzieheigenschaften aufweist, verfestigt gleichmäßiger und benötigt aufgrund ihrer dickeren und verhältnismäßig porösen Oxidschicht eine höhere Schmierstoffmenge.

Eine sehr deutliche Verbesserung der Fertigungssicherheit gegenüber dem Ziehen von Blechteilen mit üblicher Oberfläche wurde durch den Einsatz der Lasertex-Blechoberfläche erzielt.

Der Einfluß der Oberflächenfeingestalt auf das Widerstandspunktschweißen war bei den untersuchten Blechqualitäten unerheblich.

Das optische Erscheinungsbild von lackierten, quasi-isotropen Oberflächen wurde gegenüber herkömmlichen, gerichteten Oberflächen als besser empfunden.

Zur Einschätzung des tribologischen Verhaltens der Bleche lieferte die Mikrotragflächenausbildung in Abhängigkeit von der Flächenpressung einen höheren Informationsgehalt verglichen mit einer Reihe von Rauheitsmaßzahlen ermittelt durch das Tastschnittverfahren. Der Blecheingangsprüfung und Organen der Fertigungssicherung auch in der Stahlblechumformung könnte damit ein wichtiges Hilfsmittel angeboten werden, sobald diese Methode verfeinert, die Meßvorschrift verbindlich definiert und darüber hinaus eine berührungslos arbeitende optische Methode entwickelt wird.

Die am Schluß der Untersuchung in einer Art Anforderungskatalog zusammengestellten Kriterien zur Wahl einer geeigneten Oberflächenqualität sollen für Hersteller und Verarbeiter von Aluminiumblechen ein nützliches Instrument bilden; welches zusammen mit den weiteren Erkenntnissen zum Tief-, Streck- und Karosserieziehen sowie mit den Randbedingungen von seiten der Weiterverarbeitungseigenschaften dazu beiträgt, die Fertigung von Bauteilen aus Aluminiumblechen wesentlich zu optimieren.

A N H A N G

VERSUCHSPLAN

Versuchsreihen zu	auf Versuchseinrichtung	variierte Parameter (außer Oberflächen und Legierungen)	Meßgrößen(Zielgrößen)	vgl.hierzu Kapitel
Modellversuche				
freie Oberflächenwandlung	Stufenzug	Dehnlänge	Formänderungsvert.,Rauheit	4.1
Grenzformänderung	Streckziehwerkzeug	Platinengeometrie	Formänderungsvert.,Rauheit / chem.Zus.der Randschicht	4.1 / 4.2
maximale Streckziehtiefe			max.Ziehtiefe	6.4.3
gebundene Oberflächenwandlung	Streifenziehen ohne Umlenkung	Schmierst.(Art,Menge,Auftragsart) Ziehgeschw.,Werkzeugwerkst. und Werkz.-oberflächenbeschichtung	Rauheit,Temperatur Ziehkraft	5.1
Triblolgie am Ziehringradius	Streifenziehen mit Umlenkung	Radius	Ziehkraft,Rauheit,Formänderungsverteilung	5.2
Tribologie an der Ziehleiste			Ziehkraft,Rauheit,Formänderungsverteilung	5.2
Realteilversuche				
Tiefziehteil mit quadrat.Zargenquerschn. und ebenem Boden	Ziehwerkz. mit quadratischem Stempelquerschnitt	Platinengeometrie,Ziehringradius, Niederhalterdruck	max.Ziehtiefe,Ziehkraft,Formänderungsvert.,Rauheit	6.1
Tiefziehteil mit zylindr.Zargenquerschn. und ebenem Boden	Ziehwerkz. mit kreiszyl. Stempelquerschnitt	Ziehverhältn.,Schmierstoff (Art,Menge,Auftragsart)	Grenzziehverhältn.,Ziehkraft, Ziehreserve	6.2
flaches Ziehteil mit quadrat. Zargenquerschnitt		Ziehspalt,Ziehleisteneinsatz	Ziehkraft,Formänderungsvert. Formabweichung,Rauheit	6.3
Ziehteil mit zyl.Zargenquerschn. und halbkugelf.Boden		Ziehverhältn.,Niederhalterdruck,Ziehringradius	Ziehkraft,Formänderungsvert. Ziehreserve,Rauheit	6.4
Karosserieteil	Karosserieziehwerkzeug (Pedaltopf)	Niederhalterdruck	Anzahl Gutteile,Formänderungsverteilung,Fertigungssicherheit	6.5
Versuche zu Weiterverarb.-u.Gebrauchseigenschaften				
Widerstandspunktschweißen	Punktschweißautomat		el.Widerstand,Scherbruchkraft	7.1
Lackieren	Lackiereinrichtung		optisches Erscheinungsbild / Korrosionsbeständigkeit	7.2 / 7.3

A1: Versuchsplan.

Chemische Zusammensetzung der untersuchten Bleche					
Legierungs-anteil in Gew. - %	AlMg 5 Mn alle Oberflä-chen	AlMg 0,4 Si 1,2			
		Mill-Finish fein	Mill-Finish rauh	Isomatt fein	Isomill
Fe	0,238 ± 0,006	0,235 ± 0,006	0,153 ± 0,005	0,088 ± 0,004	0,252 ± 0,006
Mg	4,190 ± 0,150	0,412 ± 0,015	0,554 ± 0,020	0,549 ± 0,020	0,400 ± 0,015
Si	0,085 ± 0,010	1,250 ± 0,070	0,950 ± 0,050	1,310 ± 0,070	1,160 ± 0,060
Cu	0,03	0,100 ± 0,020	0,03	0,03	0,080 ± 0,020
Mn	0,335 ± 0,010	0,092 ± 0,003	0,125 ± 0,003	0,155 ± 0,004	0,090 ± 0,003

Werkstoffanalyse vom 14.7.1986, Max-Plank-Institut f. Metallforschung, Stuttgart, Abt. Analytik, durchgef. Methode: Flammen-AAS

A2: Chemische Zusammensetzung der Versuchsbleche.

Mechanische Kennwerte aus Stufenzugversuch							
Werkstoff	Winkel z. WR Grad	Zugfestig-keit R_m N/mm²	Streck-grenze $R_{p0,2}$ N/mm²	Gleich-maßdeh-nung A_g %	Bruch-ein-schnü-rung Z %	Senkr. Anisotro-pie r -	Verfesti-gungsex-ponent n -
AlMg5Mn	0	299,39	132,7	27,2	61,7	0,715	0,241
	45	289,86	128,8	29,3	62,4	0,844	0,258
	90	292,20	130,8	27,4	60,45	0,728	0,243
AlMg0,4Si1,2 Mill-Finish fein	0	275.00	137,77	32,2	57,56	0,654	0,279
	45	269,69	136,91	34,96	55,63	0,411	0,300
	90	258,94	130,76	33,13	54,53	0,883	0,286
AlMg0,4Si1,2 Mill-Finish rauh	0	269,00	153,6	31,0	61,0	0,766	0,270
	45	257,50	145,7	33,4	62,4	0,415	0,288
	90	253,50	144,6	30,8	60,9	0,680	0,269
AlMg0,4Si1,2 Isomatt fein	0	268,10	139,72	28,7	58,2	0,711	0,252
	45	262,10	140,14	32,8	50,3	0,425	0,284
	90	253,30	136,0	29,5	56,9	0,630	0,259
AlMg0,4Si1,2 Isomill	0	244,90	116,3	31,36	54,0	0,575	0,273
	45	247,78	118,5	33,38	56,2	0,499	0,288
	90	249,70	119,1	33,5	57,6	0,661	0,289

A3: Mechanische Kennwerte aus dem Zugversuch.

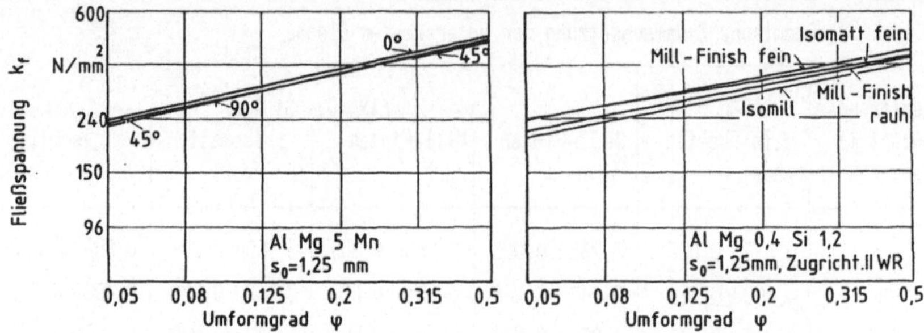

A4: Vergleichende Darstellung der Fließkurven (ab $\varphi \approx 0,3$ extrapoliert).

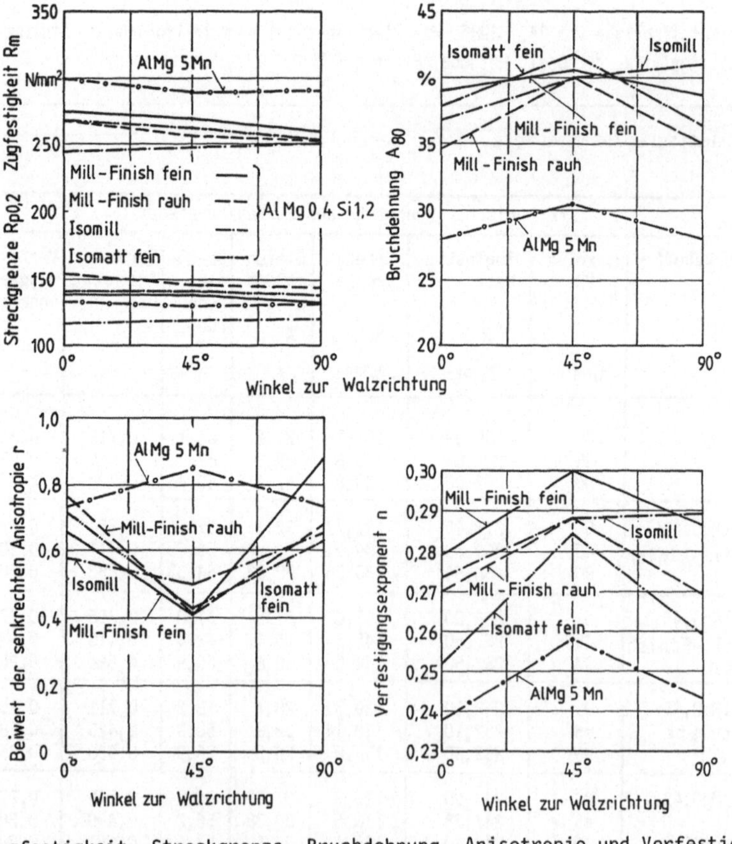

A5: Zugfestigkeit, Streckgrenze, Bruchdehnung, Anisotropie und Verfestigung in Abhängigkeit vom Winkel zur Walzrichtung .

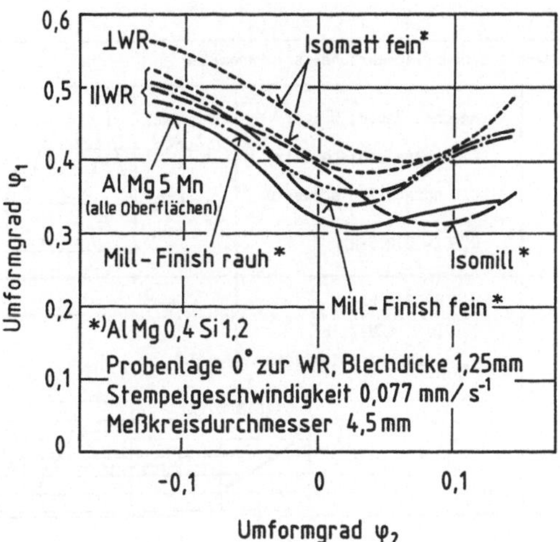

A6: Grenzformänderungskurven.

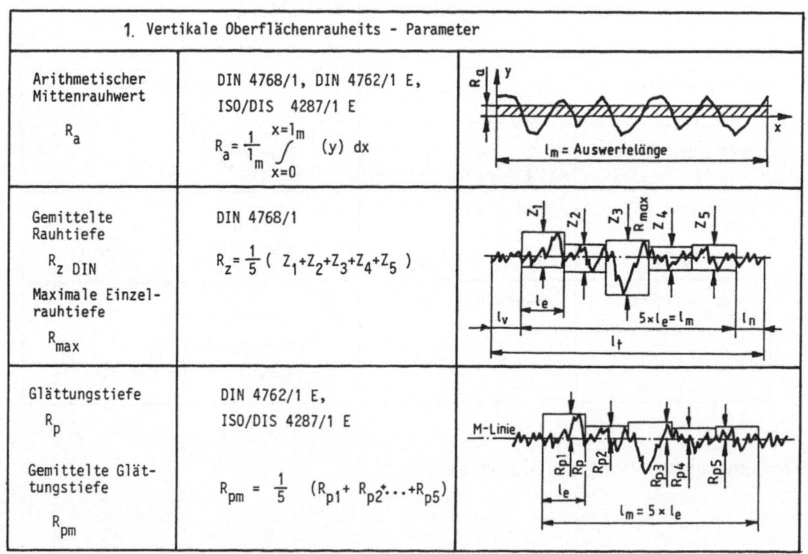

A7a: Angewandte Rauheitskennzahlen.

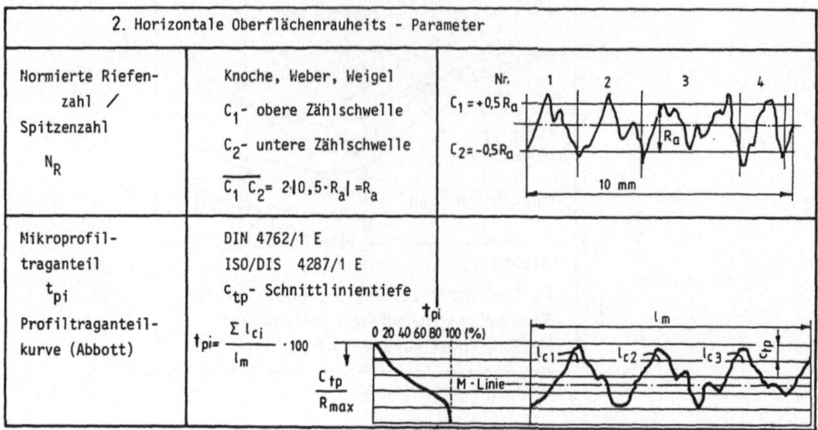

2. Horizontale Oberflächenrauheits - Parameter		
Normierte Riefen- zahl / Spitzenzahl N_R	Knoche, Weber, Weigel C_1- obere Zählschwelle C_2- untere Zählschwelle $\overline{C_1\,C_2} = 2 \cdot \lvert 0,5 \cdot R_a\rvert = R_a$	
Mikroprofil- traganteil t_{pi} Profiltraganteil- kurve (Abbott)	DIN 4762/1 E ISO/DIS 4287/1 E c_{tp}- Schnittlinientiefe $t_{pi} = \dfrac{\Sigma\, l_{ci}}{l_m} \cdot 100$	

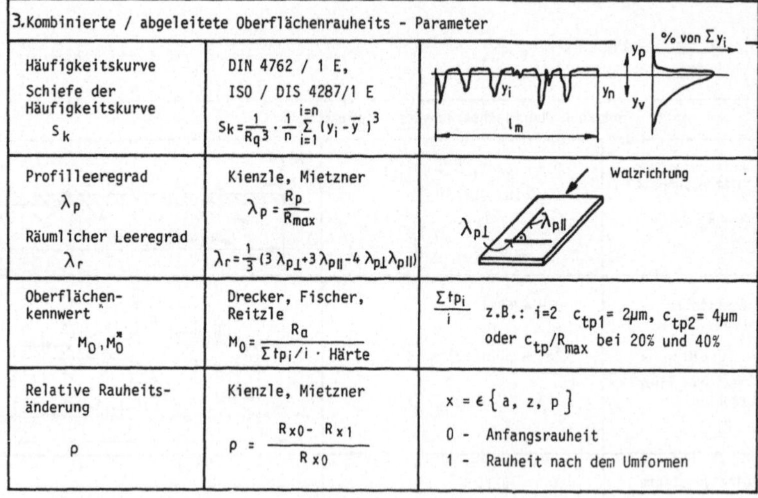

3. Kombinierte / abgeleitete Oberflächenrauheits - Parameter		
Häufigkeitskurve Schiefe der Häufigkeitskurve S_k	DIN 4762 / 1 E, ISO / DIS 4287/1 E $S_k = \dfrac{1}{R_q^{\,3}} \cdot \dfrac{1}{n} \sum_{i=1}^{i=n} (y_i - \bar{y})^3$	
Profilleeregrad λ_p Räumlicher Leeregrad λ_r	Kienzle, Mietzner $\lambda_p = \dfrac{R_p}{R_{max}}$ $\lambda_r = \dfrac{1}{3}(3\,\lambda_{p\perp} + 3\,\lambda_{p\parallel} - 4\,\lambda_{p\perp}\lambda_{p\parallel})$	
Oberflächen- kennwert M_0, M_0^{*}	Drecker, Fischer, Reitzle $M_0 = \dfrac{R_a}{\Sigma\, t_{pi}/i \cdot \text{Härte}}$	$\dfrac{\Sigma\, t_{pi}}{i}$ z.B.: i=2 c_{tp1}= 2µm, c_{tp2}= 4µm oder c_{tp}/R_{max} bei 20% und 40%
Relative Rauheits- änderung ρ	Kienzle, Mietzner $\rho = \dfrac{R_{x0} - R_{x1}}{R_{x0}}$	$x = \epsilon\{a, z, p\}$ 0 - Anfangsrauheit 1 - Rauheit nach dem Umformen

A7b: Angewandte Rauheitskennzahlen.

Werkstoff	AlMg 5 Mn											
Walzenpräparation	Schleifen		Schleifen		Strahlen		Strahlen		Laserpulsen		Elektroerodieren	
Bezeichnung der Oberfläche	Geschliffen fein		Geschliffen rauh		Gestrahlt fein		Gestrahlt rauh		Lasertexturiert		Erodiert	
Lage zur Walzr.	$\parallel$	$\perp$	$\parallel$	$\perp$	$\parallel$	$\perp$	$\parallel$	$\perp$	$\parallel$	$\perp$	$\parallel$	$\perp$
R_a / µm	0,13	0,38	0,26	0,77	0,55	0,51	1,07	1,07	1,18	1,02	2,3	2,4
R_{pm} / µm	0,4	1,0	0,7	2,1	1,6	1,4	3,1	2,9	3,25	3,1	6,8	6,3
R_{z-DIN} / µm	0,8	2,2	1,5	4,6	3,2	3,1	6,4	7,2	6,15	5,9	13,9	14,4
λ_p / –	0,5	0,45	0,47	0,46	0,5	0,45	0,48	0,4	0,53	0,53	0,49	0,44
λ_r / –	0,65		0,64		0,65		0,62		0,71		0,64	
N_R / $\frac{\text{Spitzen}}{\text{cm}}$	52	274	39	118	95	119	57	71	80	68	85	84
N_{SAE} /	7	74	8	95	56	63	52	68	78	64	85	84
S_k / –	0,01	-0,01	-0,04	-0,04	0,02	-0,02	-0,01	-0,07	-0,03	-0,02	-0,01	-0,02
HB (62,5)	67,8		70,8		71,7		68,8		69,9		63,1	
M_o x10^{-4}	0,1	0,5	0,3	1,8	1,0	0,8	5,7	3,9	6,9	4,0	52	54
M_o^* x10^{-4}	1,16	2,94	2,25	5,27	5,22	3,33	8,74	3,79	15,3	11	23	24

A8a: Rauheitsmaßzahlen der untersuchten Bleche.

Werkstoff	AlMg 0,4 Si 1,2								
Walzenpräparation	Schleifen		Schleifen		spez. Schleifen		Strahlen		Strahlen	
Bezeichnung der Oberfläche	Mill-Finish fein		Mill-Finish rauh		Isomill		Isomatt rauh		Isomatt fein	
Lage zur Walzr.	∥	⊥	∥	⊥	∥	⊥	∥	⊥	∥	⊥
R_a / µm	0,1	0,32	0,18	0,66	0,49	0,31	1,25	1,27	0,9	0,8
R_{pm} / µm	0,3	1,0	0,5	2,6	1,9	1,6	4,1	3,6	2,8	2,5
R_{z-DIN} / µm	0,7	1,9	1,2	4,5	3,1	2,5	7,3	8,5	4,7	4,5
λ_p / –	0,43	0,52	0,42	0,58	0,61	0,64	0,56	0,42	0,59	0,55
λ_r / –	0,66		0,70		0,81		0,68		0,75	
N_R / $\frac{Spitzen}{cm}$	111	156	47	162	48	45	44	62	37	55
N_{SAE} /	12	42	6	125	37	14	43	61	30·	44
S_k / –	-0,08	0,03	-0,07	0,07	0,09	0,11	0,03	-0,05	0,05	0,03
HB (62,5)	76,6		78,5		72,6		93,6		81,1	
M_o x10^{-4}	0,1	0,4	0,2	2,0	1,2	0,7	12,2	6,3	2,4	2,5
M_o^* x10^{-4}	0,54	3,51	5,14	11,6	13,2	14,3	10,8	4,92	10,8	9,6

A8b: Rauheitsmaßzahlen der untersuchten Bleche.

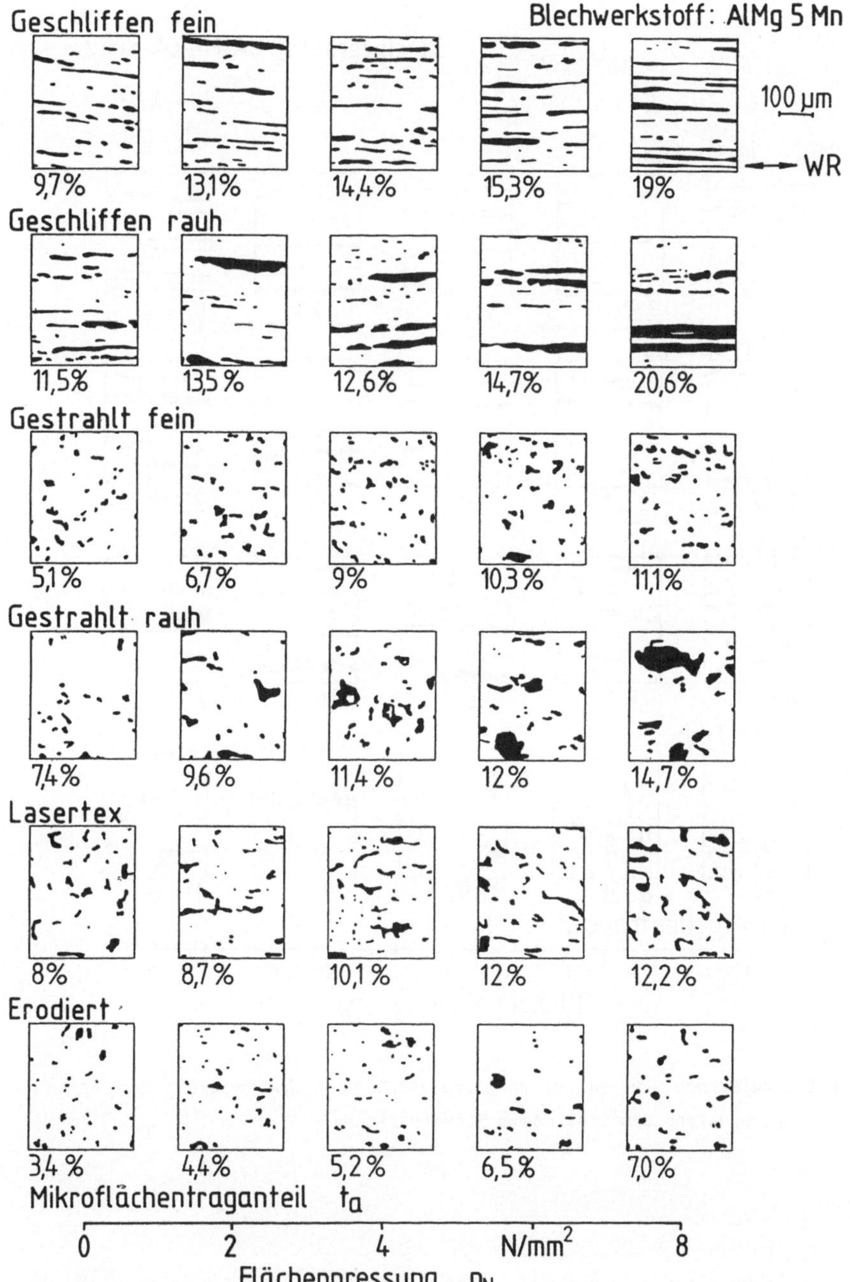

A9a: Entwicklung des Mikroflächentraganteils in Abhängigkeit von der Flächenpressung ermittelt beim Streifenziehen.

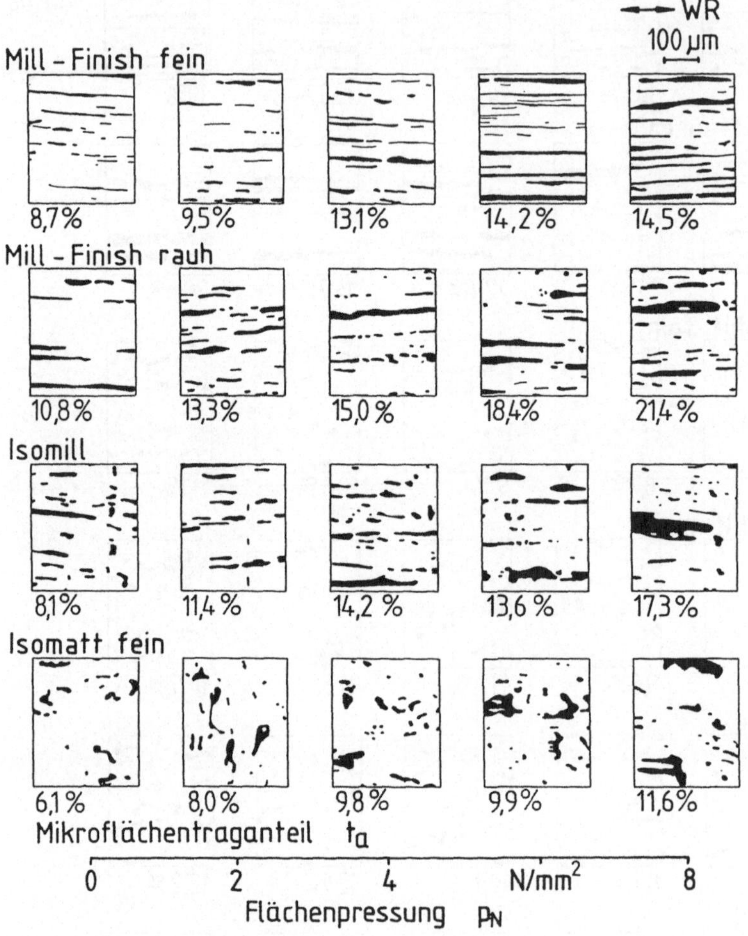

A9b: Entwicklung des Mikroflächentraganteils in Abhängigkeit von der Flächenpressung ermittelt beim Streifenziehen.

SCHMIERSTOFFTABELLE

Schmierstoffgruppe Name/Kurz-Bez.	Hersteller	Dichte g/cm³		Kinematische Viskosität mm²/s		Dynamische Viskosität mPa s		Additive
		20°C	50°C	20°C	50°C	20°C	50°C	
I. UNLEGIERTE MINERALÖLE								
M 10	Oest	0,845	0,82	21,3	9,7	18	8	-
M 100	Oest	0,88	0.87	116.0	46,0	102	40	-
M 300	Oest	0.905	0.88	652.0	113.0	590	100	-
II. LEGIERTE MINERALÖLE								
Al 2	Oest	0.913	0,902	53,5	17,3	48.8	15.6	EP-,Korr.-Zus.
Al 2F	Oest	0,897	0,893	14.3	4,8	12.8	4.3	EP-,Korr.-Zus.
Al 2N	Oest	0,925	0,908	47,8	15,0	44,2	13,6	EP-,Korr.-Zus.
Al 2D	Oest	0,952	0,931	437,0	80,0	416.0	75.0	EP-,Korr.-Zus.
BZK 12	Oest	0,924	0.918	1195	188,0	1104	172,0	Ester-,EP-,Korr.-Zus.
V 985/85	Cest	0,895	0,882	240,0	38,4	215,0	33,9	Ester-,Korr.-Zus.
OPR	Oest	0,871	0,857	12,6	4,6	11,0	3,9	EP-,Ester-,Korr.-Zus.
V1022/85	Oest	0,886	0,846	18,5	6,4	15,9	5,4	Korr.-Zus.
GENREX 57	Mobil Oil	0.825	0,812	6,9	3,3	5,7	2,7	?
ZIEHÖL K	Mobil Oil	0,912	0,903	985,0	159,0	899,0	144,0	?
III. VOLLSYNTHET. SCHMIERSTOFFE								
Multidraw 94/80	Zeller-Gmehl.	0,873	0,87	1039	216,0	907,0	188,0	?
Multidraw 740	Zeller-Gmehl.	0,878	0,868	420(22°C)	58,0	368(22°C)	51.0	?
IV. WASSEREMULGIERBARE ZIEHFETTE								
HD 756	Huoghton-Hhm	0,859	0,813	142,0	60,0	122,0	48,5	Fetts./Ester(Emulsion 1:1)
W 6	Oest	0,96	0,9					Fetts.,Korr.-EP.-Zus.unverd.
V 934 G	Oest	0,96	0,9					Fetts.,Korr.-EP.-Zus.unverd.
V. ZIEHPASTEN NICHT EMULGIERBAR								
Ratak MF 74	Fuchs	0,92	0,87	410,0	156,0	377,2	135,72	polare Wirkstoffe

A10: Schmierstoffe.

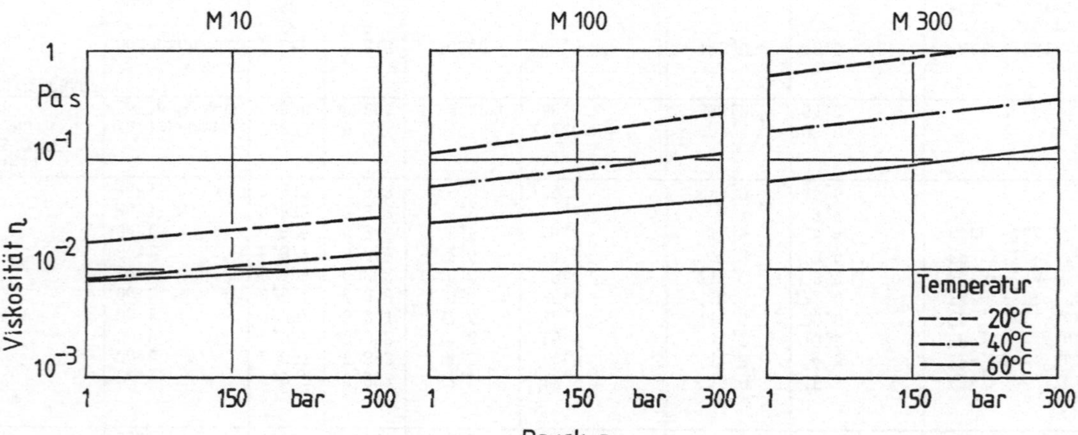

A11: Viskositäts-Temperatur-Druck-Verhalten der   unlegierten   Mineralöle /75/.

SCHRIFTTUM

/1/ Floßdorf, F.-J.: **Kunststoff und Aluminium als Substitutionswerkstoff für Stahl im Automobilbau.** Stahl und Eisen 105 (1985), S. 953 - 959.

/2/ Fiala, E.: **Entwicklungsaufgaben nach 100 Jahren Automobil.** VDI-Bericht 595. Düsseldorf: VDI-Verlag 1986.

/3/ Jacobi, W.: **Entwicklungstrends in der Preßwerkstechnik für Pkw-Karosserieteile.** Stahl und Eisen 106 (1986), S. 668 - 674.

/4/ Söllner, G.: **Aluminiumblechwerkstoffe und deren Verarbeitung zu Formteilen für den Kfz-Bereich.** VDI-Z. 128 (1986), S. 668 - 672.

/5/ Burst, H.; Thull, W.: **Konzept und Eigenschaften einer Aluminiumkarosserie für Personenkraftwagen.** Aluminium 62 (1986) 12, S. 915 - 923.

/6/ Kewley, D.: **The BL Technology ECV3 Conservation Vehicle.** SAE Paper Nr. 850 103. Warrendale: Society of Automotive Engineers 1985.

/7/ N.N.: **Obere Luxusklasse: Neuer Cadillac Allante.** Krafthand 12 (1986), S. 1967 - 1968.

/8/ N.N.: **Aluminium Hood Lightens the Lincoln Town Car.** Metall Progress 5 (1986), S. 44.

/9/ Haas, E.: **Türinnenform aus Aluminiumblech.** In: Spur, G.; Stöferle, Th.: Handbuch der Fertigungstechnik. Band 2/3, Umformen Zerteilen. München/Wien: Hanser 1985, S. 1165 - 1169.

/10/ Siegert, K.: **Vergleich zwischen Karosserieblechen aus Aluminium und Stahl.** Aluminium 59 (1983), S. 363 - 366; 59 (1983), S. 438 - 442.

/11/ Noppen, Q.; Sigalla, J.; Czichos, H.: **Technische Oberflächen.** Beuth Kommentare 2. Aufl. Berlin: Beuth Verlag 1985.

/12/ Lange, K.: **Umformtechnik - Handbuch für Industrie und Wissenschaft.** 2. Aufl., Bd.1, Berlin/Heidelberg/New York/Tokyo: Springer 1984

/13/ Kienzle, O.; Mietzner, K.: **Grundlagen einer Typologie umgeformter metallischer Oberflächen.** Berlin/Heidelberg/New York: Springer 1965.

/14/ Kienzle, O.; Mietzner, K.: **Atlas umgeformter metallischer Oberflächen.** Berlin/Heidelberg/New York: Springer 1967.

/15/ Reihle, M: **Einfluß der Korngröße auf die Oberflächenfeingestalt von Tiefziehteilen.** Mitt. d. Forsch.ges. Blechverarb. e.V. (1961) 12/13, S. 141 - 150.

/16/ Dannenmann, E.: **Oberflächen- und Randzonenbeeinflussung durch Umformen und Schneiden.** Techn. Mitt. Organ d. Hauses der Technik e.V. Essen (1980), S. 893 - 901.

/17/ Czichos, H.: **Tribology.** Amsterdam/Oxford/New York: Elsevier 1978.

/18/ Doege, E.: **Wichtige Einflußgrößen beim Tiefziehen.** wt - Z. ind. Fertig. 66 (1976), S. 615 - 619.

/19/ Witthüser, K.-P.: **Der Streifenziehversuch mit Umlenkung zur Untersuchung der Reibungsverhältnisse beim Tiefziehen.** Ind.-Anz. 104 (1982), S. 35 - 36.

/20/ Grahnert, R.: **Die Reibungsverhältnisse im Flanschbereich beim Tiefziehen rechteckiger Teile.** Fortschrittsberichte VDI, Reihe 2 Nr. 105. Düsseldorf: VDI-Verlag 1985.

/21/ Hughes, I.F.: **Evaluation of Steel Galling and Surface Finish.** Sheet Metal Industries 54 (1977), S. 147 - 153.

/22/ Nilan, T.G.: **Electric Discharge-Cold-Mill-Roll Texturing.** Iron & Steel Maker 9 (1982), S. 26 - 28.

/23/ Weidemann, C.: **Influence of Steel Sheet Topography on the Deep Drawing Process.** In: Sheet Metal Forming and Formability. Proc. 10th Biennial Congress IDDRC, Warwick April 1978. Redhill Surrey: Portcullis Press 1978.

- 153 -

/24/ Fukui, S.; Yoshida, K.; Abe, K.; Czaki, K.: **The Effect of Surface Roughness of Sheet and Tools on Deep-Drawability.** Sheet Metal Ind. 40 (1963) 438, S. 739 - 744, 754.

/25/ Emmens, W.C.; Vegter, H.; Janssen, E.: **The Influence of Surface Roughness on the Formability of Cold-Rolled Steel.** Intern. Deep Drawing Reserach Group, Working Group Sessions 24./25. April 1986, Munich.

/26/ Reitzle, W.; Drecker, H.; Fischer, F.: **Über den Einfluß von Mikrooberfläche und Schmiermitteln auf die Ziehbarkeit von unlegierten, kohlenstoffarmen Blechen.** Bänder Bleche Rohre 21 (1980), S. 8 - 13.

/27/ Fischer, F.; u.a.: **Über den Einfluß der Mikrooberfläche auf das Verhalten von Feinblechen im Tiefzug.** Stahl und Eisen 80 (1960), S. 1524 - 1531.

/28/ Fogg, B.: **Modern Development in Lubrication Theory and Practice for Deep Drawing.** Sheet Metal Ind. 5 (1976), S. 294 - 304.

/29/ Rault, D.; Entringer, M.: **Anti-Galling Roughness Profile Permitting Reduction of the Blankholder Pressure and the Required Amount of Lubricant During the Forming of Sheets.** Proc. 9th Bienn. Congr. IDDRG, Ann Arbor, 1976.

/30/ Ziegler, H., Fischer, F.; Schmitt-Thomas, K.-H.: **Über den Einfluß der Mikrooberfläche auf das Verhalten von Feinblechen im Tiefzug.** Neue Fachber. Hüttenpraxis Metallverarb. 14 (1976), S. 207 - 208, 210 - 211.

/31/ N.N.: **Funkenerosive Bearbeitung von Dressierwalzen.** Stahl und Eisen 102 (1982), S. 1128.

/32/ Neumann, W.-D.: **Grenzflächenprobleme bei der Verarbeitung von Aluminium.** Bänder Bleche Rohre 17 (1976), S. 184 - 187.

/33/ Woska, R.: **Einfluß ausgewählter Oberflächenschichten auf das Reib- und Verschleißverhalten beim Tiefziehen.** Dr.-Ing. Diss., Darmstadt 1982.

- 154 -

/34/ Akeret, R.: **Beobachtungen über die Lokalisierung der Verformung in Aluminium-Werkstoffen.** Aluminium 54 (1978), S. 385 - 391.

/35/ Mössle, E.: **Einfluß der Blechoberfläche beim Ziehen von Blechteilen aus Aluminiumlegierungen.** Berichte aus dem Institut für Umformtechnik Nr. 72, Universität Stuttgart. Berlin/Heidelberg/New York/Tokyo: Springer 1983.

/36/ Kudo, H.; Azushima, A.: **Interaction of Surface Microstructure and Lubricant in Metal Forming Tribology.** Proc. 2nd Internatioal Conference on Technology of Plasticity, Stuttgart. Berlin/Heidelberg/New York/London/Paris/Tokyo: Springer 1987, S. 373 - 384.

/37/ Schey, J.A.: **Tribology in Metalworking.** Metals Park, Ohio: American Society for Metals 1983.

/38/ Pfleger, R.: **Über den Einfluß unterschiedlicher Walzbedingungen und Oberflächenfeingestalt auf das Tiefziehverhalten von Aluminium-Blech.** Dr.-Ing. Diss, TU München 1983.

/39/ Siegert, K.; Thoms, V.: **Anforderung an den Schmierstoff bei der Blechumformung in Karosseriewerken.** VDI-Bericht 614. Düsseldorf: VDI-Verlag 1986, S. 383 - 412.

/40/ DIN 50114: **Richtlinien zur Wahl der Probenabmessung zur Durchführung von Zugversuchen an Blechen mit einer Dicke unter 3 mm.** Berlin/Köln: Beuth-Verlag 1965.

/41/ Hasek, V.: **Untersuchung und theoretische Beschreibung wichtiger Einflußgrößen auf das Grenzformänderungsschaubild.** Blech Rohre Profile (1978) 5, S. 213 - 220; (1978) 6, S. 285 - 295; (1978) 10, S. 493 - 499; (1978) 12, S. 619 - 627.

/42/ Ghosh, A.K.: **A Method for Determining the Coefficient of Friction in Punch Stretching of Sheet Metals.** Int. J. of Mech. Sci. 9 (1977), S. 457 - 470.

/43/ **Registration Record of International Alloy Designations and Chemical Composition Limits for Wrought Aluminium Alloys.** New York: Aluminium Association 1974.

/44/ Altenpohl, D.: **Aluminium und Aluminiumlegierungen.** Berlin: Springer 1965.

/45/ Hufnagel, W.: **Aluminium-Taschenbuch.** 14. Aufl. Düsseldorf: Aluminium-Verlag 1983.

/46/ Altenpohl, D.: **Aluminium von Innen betrachtet.** 4. Aufl. Düsseldorf: Aluminium-Verlag 1979.

/47/ Blaich, M.: **Beitrag zum Ziehen von Blechteilen aus Aluminiumlegierungen.** Berichte aus dem Institut für Umformtechnik Nr. 61, Universität Stuttgart. Berlin/Heidelberg/New York: Springer 1981.

/48/ Knoche, H.; Weber, H.; Weigel, H.U.: **Meßverfahren zum Beschreiben der Oberflächen von kaltgewalzten Blechen.** Blech Rohre Profile 23 (1976), S. 3 - 5.

/49/ Blümel, K.W.: **Cooperative Test on the Comparability of Several Peak Counting Methods Applied for the Determination of Steel Sheet Roughness.** Report from the IDDRG Working Group Meeting, Lüttich 1979.

/50/ SAE J 911: **Surface Texture Measurement of Cold Rolled Sheet Steel.** SAE Recommended Practice. Warrendale: Society of Automotive Engineers 1965.

/51/ Hansen, N.: **Die Bedeutung der Profiltraganteilkurve zur Kennzeichnung von abgespanten und umgeformten Oberflächen.** Werkstattstechnik 57 (1967), S. 379 - 383.

/52/ Thomas, T.R.: **Rough Surfaces.** London/New York: Longman 1982.

/53/ VDE/VDI-Richtlinie 2603. **Praktische Messung des Flächentraganteils.** Düsseldorf: VDI-Verlag 1971.

/54/ DIN 4765: **Bestimmen des Flächentraganteils von Oberflächen.** Berlin/Köln: Beuth-Verlag 1974.

/55/ Lange, K.; Balbach, R.; Leonhardt, K.: **Die Bestimmung des Flächentraganteils t_a als Beurteilungskriterium für das tribologische
Verhalten von Blechen beim Tief- und Streckziehen.** In: Tagungsunter-
lagen VII. Intern. Oberflächenkolloquium CIRP/KDT, Karl-Marx-Stadt
1988.

/56/ Kienzle, O.; Mietzner, K.: **Mikrogeometrische Veränderungen der
Oberfläche bei Kaltumformvorgängen.** Forsch. Ber. d. Landes Nord-
rhein-Westf. Nr. 821. Köln Opladen: Westdeutscher Verlag 1960.

/57/ Mietzner, K.: **Über die Mikrogeometrie umgeformter metallischer
Werkstücke.** Mitt. Forschungsges. Blechverarb. (1962) H 19/20, S.
271/82.

/58/ Thompson, P.F.; Nayak, P.V.: **The Effect of Plastic Deformation on
the Roughening of Free Surfaces of Sheet Metal.** Int. J. Mach. Tool
Des. Res. 20 (1980), S. 73 - 86.

/59/ Wollrab, P.M.; Kopietz, J.; Streidl, M.: **Changes in the Surface
Structure of Deep-Drawing Sheet Steels Subject to Various Forming
Stresses.** Proc. of IDDRG Working Group Meetings. Schaffhausen, May
1987.

/60/ Thompson, P.F.; Shafer, B.V.: **The Roughening of Free Surfaces under
Deformation.** Proc. 12th Conf. IDDRG; S. Magherita, Ligure, Part. 2
(1982), S. 123 - 129.

/61/ Akeret, R.; Rodrigues, P.M.B.: **Metallkundliche Probleme der Umformbarkeit von Aluminiumwerkstoffen.** In: Lange, K. (Hrsg.): Grundlagen
Technologie Werkstoffe. Oberursel: Deutsche Gesellschaft für Metallkunde (DGM) 1983.

/62/ Rodrigues, P.M.B.; Akeret, R.: **Surface Roughening and Strain
Inhomogenities in Aluminium Sheet Forming.** Proc. 12th Conf. IDDRG;
S. Margherita, Ligure 1982.

/63/ McNamara, P.: **Surfaces of Aluminium Autobody Alloys.** Proc. of Conf.
Technological Impact of Surfaces, MMT/ASM. Dearborn, Michigan 1981.

/64/ Kragelski, I.W.: **Reibung und Verschleiß.** Berlin: VEB-Verlag Technik 1968.

/65/ Wohnig, W.; Breun, F.: **Umformeignung von Feinblechen über Eindring-weg bestimmen.** Bänder Bleche Rohre (1986) 8, S. 159 - 164.

/66/ Vogelpohl, G.: **Die Stribeck-Kurve als Kennzeichen des allg. Reibungsverhaltens geschmierter Gleitflächen.** VDI-Z. 96 (1954), S. 261 - 288.

/67/ Wiegand, H.; Kloos, K.-H.: **Schmierungs- und Oberflächeneinflüsse bei der Kaltumformung von Blechen.** Mitt. Forschungsges. Blechverarb. e.V. (1961) 1/2, S. 2 - 39.

/68/ Mizuno, T.; Kataoka, H.: **A Study of the Lubrication Mechanisms in Deep Drawing.** Bull. J. SME 23 (1980), S. 1016 - 1023.

/69/ Cocks, M.: **Interaction of Sliding Metal Surfaces.** J. Appl. Physics 33 (1962), S. 2152 - 2161.

/70/ Crahay, J.; Renauld, Y.; Monfort, G.; Bragard, A.: **Present State of the Lasertex Process.** Fachberichte Hüttenpraxis Metallverarbeitung 23 (1985), S. 968; S. 970 - 972; S. 974 - 975.

/71/ Knappwost, A.; Arnason, V.; Sohn, J.: **Theorie und Experiment zur Lokaltemperatur bei Reibungsvorgängen.** Schmiertechnik u. Tribologie (1978), S. 53-55.

/72/ Story, J.; Weinmann, K.-J.: **The Effects of Surface Topography and Surface Chemistry on Metal Build-up on the Tools during the Forming of Aluminium Sheet.** In: Proc. 8th North Amer. Manufact. Res. Conf. (1980), S. 245 - 251.

/73/ Wilson, D.V.; Rowe, G.W.: **Surface Roughness and the Entrapment of Lubricant in Metal-Working.** J. Inst. Met. 95 (1967), S. 25 - 26.

/74/ Butler, R.D.; Pope, R.D.: **Surface Roughness and Lubrication in Sheet Metal Working.** Proc. Inst. Mech. Eng. 182 (1967-68), S. 162 - 170.

/75/ Siegert, K.; Thoms, V.: **Einsatz von Schmierstoffen zur Beeinflussung der Reibung beim Umformen von Karosserieteilen.** Aluminium 63 (1987), S. 401 - 409.

/76/ Balbach, R.: **Tribologisches Verhalten von Aluminiumfeinblech unterschiedlicher Oberflächenmikrostruktur.** Aluminium 62 (1986), S. 815 - 825.

/77/ Drecker, H.: **Über das Verhalten von Stahl- und Aluminiumblechen im Tiefzug unter Beachtung beschreibender Kennwerte.** Dr.-Ing. Diss., München 1980.

/78/ Fischer, F.; Reitzle, W.; Drecker, H.: **Über den Einfluß der Mikrooberfläche auf die Umformbarkeit von Aluminium-Karosserie-Werkstoffen.** Aluminium 56 (1980), S. 578 - 584.

/79/ Fischer, F.; Pfleger, R.; Drecker, H.; Breun, F.: **Einfluß unterschiedlicher Walzbedingungen und der Oberflächenfeingestalt auf das Tiefziehverhalten von Aluminiumblechen.** Aluminium 60 (1984), S. 745 - 751.

/80/ Blümel, K.W.; Krechter, F. : **Reibungsvorgänge im Faltenhalter bei der Umformung von Feinblech.** Thyssen Techn. Berichte; Heft 2 (1979), S. 120 - 125.

/81/ Littlewood, W.: **The Effect of Surface Finish and Lubrication on the Frictional Variations Involved in the Sheet-Metal-Forming Process.** Sheet Metal Industries (1964), S. 925 - 930.

/82/ Kaffańke, K.; Czichos, H.. **Die Bestimmung von Grenzflächentemperaturen bei tribologischen Vorgängen.** Berichte der Bundesanstalt für Materialprüfung Nr. 19, Berlin 1973.

/83/ Bargende, M.; Pütter, R.G.: **Dynamische Temperaturmessung zwischen Bremsbelag- und Scheibe während des Bremsvorgangs.** VDI-Berichte Nr. 632, Düsseldorf: VDI-Verlag (1987), S. 282 - 290.

/84/ DIN 43721: **Elektrische Thermometer-Mantel-Thermoelementleitungen und Mantel-Thermoelemente.** Berlin/Köln: Beuth-Verlag 1980.

/85/ DIN IEC 584 Teil 1: **Thermopaare, Grundwerte der Thermospannung.** Köln/Berlin: Beuth-Verlag 1984.

/86/ Fukui, S.; u.a.: **Measurement of the Mean Friction Coefficient in Sheet Drawing.** Intern. J. Mach. Tool Design & Res. 2 (1962), S. 19 - 26.

/87/ Murata, H.; Takahashi, T.: **Einfluß von Additiven in niedrigviskosen Schmierölen auf die Tiefziehfähigkeit von Al-Blech.** Aluminium 61 (1985), S. 521 - 524.

/88/ Bowden, F.P.; Tabor, D.: **Reibung und Schmierung fester Körper.** Berlin: Springer-Verlag 1959.

/89/ Brendel, H.; u.a. : **Wissensspeicher Tribotechnik.** Wien/New York: Springer 1979.

/90/ Schumacher, R.; Zinke, H.; Landolt, D.; Mathieu, H.J.: **Über die Tribofragmentierung von Verschleißschutzadditiven und die oberflächenanalytische Charakterisierung der gebildeten Reaktionsschichten.** In: Proc. 5. Intern. Kolloquium; Additive für Schmierstoffe und Arbeitsflüssigkeiten, Bd. 1. Technische Akademie Esslingen 1986.

/91/ Mang, T.: **Die Schmierung in der Metallbearbeitung.** Würzburg: Vogelbuchverlag 1983.

/92/ Siebel, E.; Panknin, W.: **Ziehverfahren der Blechverarbeitung.** Z. f. Metallkunde 47 (1956), S. 207 - 212.

/93/ Drecker, H.; Pfleger, R.: **Ziehen von Aluminiumblech in der Praxis.** In: Tagungsband Aluminium in der Blechverarbeitung. Düsseldorf: Deutsche Forschungsgesellschaft für Blechverarbeitung 1984.

/94/ Bauer, D.: **Measurement of Blankholder Contact Pressure in Deep Drawing of Autobody Sheet by Pressure Sensitive Film.** In: Proc. 14th Biennial Meeting of Intern. Deep Drawing Research Group. Köln 1986.

/95/ Reissner, J.: **Die Reibungsbedingungen beim geschmierten Tiefziehvorgang.** Tribologie u. Schmierungstechn. 30 (1983), S. 290 - 295.

/96/ Engelhardt, W.; Hinze, G.; Mäde, W.: **Ermittlung der grundlegenden Vorgänge der Kaltumformung anhand des Einsenkens und des Tiefziehens.** Forschungsbericht 4513 004/8-23/6, TH Magdeburg 1969.

/97/ Doege, E.; Sommer, N.: **Wichtige Grundlagen des Tiefziehens.** Blech Rohre Profile 31 (1984), S. 47 - 59.

/98/ Younger, A.; Spurgeon, D.; Moore, D.E.: **Effect of Material Variables on the Deep-Drawing of Aluminium.** Sheet Metal Industries 62 (1985), S. 484 - 488.

/99/ Mäde, W.: **Zusammenhang zwischen Tiefziehsicherheit und Grenzziehverhältnis.** Fertigunstechn. Betr. 22 (1972), S. 617 - 620.

/100/ Hoffmann, H.: **Einfluß von Oberfläche und Schmierung auf die Blechumformung.** TZ Metallbearb. 76 (1982), S. 24 - 26, 28.

/101/ Aziz, M.: **Untersuchung über das Tiefziehen von Aluminium und seinen Legierungen.** Dr.-Ing. Diss., ETH Zürich 1952.

/102/ Yoshi, K.; Imaoka, T.; Yoshida, K.: **On Lubrication of Al Sheet Deep Drawing.** Sumitomo Light Metal Techn. Rep. 4 (1963), S. 180 - 189.

/103/ Coupland, H.T.; Wilson, D.V.: **Speed Effects in Deep Drawing.** Sheet Metal Industries (1958) 2, S. 85 - 103.

/104/ Sengupta, A.K.; Fogg, B.; Ghosh, S.K.: **On the Mechanism behind the Punch-Blank Surface Conformation in Stretch-Forming and Deep-Drawing.** J. of Mech. Work. Techn. 5 (1981), S. 181 - 210.

/105/ Story, J.M.: **Variables Affecting Dome Height Test Results.** J. Appl. Metalwork 2 (1982), S. 119 - 125.

/106/ Andersson, B.: **The Influence of Surface Topography on the Forming Performance of Aluminium.** In: Proc. of Conf. 13. Intern. Deep Drawing Research Group. Melbourne (1984), S. 467 - 475.

/107/ Dorn, L.; u.a.: **Fügen von Al-Werkstoffen.** Kontakt & Studium, Bd. 114. Grafenau: Expert Verlag 1983.

/108/ DIN 50124: **Scherzugversuch an Widerstandspunkt-, Widerstandsbuckel-
und Schmelzpunktschweißverbindungen.** Köln/Berlin: Beuth-Verlag 1975.

/109/ Eichhorn, F.; Emonts, M.; Leuschen, B.: **Widerstandspunktschweißen
tiefziehfähiger Al-Werkstoffe.** Bänder Bleche Rohre 10 (1986), S. 464
- 468.

/110/ VDA-Test 621-414/415: **Prüfung des Korrosionsschutzes von Kraftfahr-
zeuglackierungen bei zyklisch wechselnder Beanspruchung und durch
Freibewitterung unter Verwendung von Salz.** Verband der Automobilindustrie e.V. (VDA), Prüfblatt 621-414 und 621-415 (1982).

/111/ Burst, H.E.; Bäuerle, H.-P.; Thull, W.F.: **Studie einer Selbsttragen-
den Ganzaluminium-Karosserie auf Basis des Porsche 928 S.** ATZ
Automobiltechnische Zeitschrift 86 (1984), S. 209 - 215.

/112/ Uetz, H.; Wiedemeyer, J.: **Tribologie der Polymere.** München:
Hanser-Verlag 1985.

/113/ Loose, J.: **Bedeutung der Walzenrauheit für die Reibungsverhältnisse
im Walzspalt.** Schmierungstechnik 6 (1975), S. 257 - 261.

/114/ Grieser, F.: **Einfluß der Oberflächenfeingestalt der Aluminiumwalzen
auf die Maßgenauigkeit und Oberflächengüte von kaltgewalztem
Stahlband.** Dr.-Ing. Diss., Aachen 1982.

/115/ Heberer, K.H.: **Funkenerodiermaschine zur Oberflächenbearbeitung von
Kaltwalzen.** Stahl und Eisen 107 (1987) 3, S. 109 - 110.

Aus den unter der Anleitung des Verfassers durchgeführten Studien- und
Diplomarbeiten nachfolgend genannter Studenten wurden Ergebnisse für
vorliegende Arbeit herangezogen: Isabell Buresch, Norbert Becker, Dietmar
Boos, Eberhard Fischer, Michael Kuhm, Jürgen Ladwig, Stefan Lenner,
Wolfgang Müller, Jürgen Schmalzriedt, Felix Schmieder, Jan Schröder,
Bernhard Wagenseil, Thomas Werle.

Berichte aus dem Institut für Umformtechnik der Universität Stuttgart

Herausgeber Professor Dr.-Ing. Kurt Lange

52 **Untersuchung der Verfahrensgrenzen beim 180°-Biegen von Fein- und Mittelblechen**
Von Dipl.-Phys. Wolfgang Schaub. ISBN 3-540-09881-X.
65 Seiten mit 24 Abbildungen. — 38,— DM

53 **Abstreckgleitziehen von nichtrostenden austenitischen Stählen**
Von Dipl.-Ing. Jobst-H. Kerspe. ISBN 3-540-09882-8.
109 Seiten mit 36 Abbildungen. — 43,— DM

54 **Fließpressen von Stahl im Temperaturbereich 773 K (500°C) bis 1073 K (800°C)**
Von Dipl.-Ing. Ulrich Diether. ISBN 3-540-09959-X.
165 Seiten mit 80 Abbildungen. — 48,— DM

55 **Die numerisch gesteuerte Radial-Umformmaschine und ihr Einsatz im Rahmen einer flexiblen Fertigung**
Von Dipl.-Ing. Peter Metzger. ISBN 3-540-10073-3.
158 Seiten mit 65 Abbildungen. — 43,— DM

56 **Möglichkeiten zur Steuerung des Stoffflusses beim Ziehen großer unregelmäßiger Blechteile**
Von Dr.-Ing. Vladimir V. Hasek. ISBN 3-540-10074-1.
193 Seiten mit 96 Abbildungen. — 48,— DM

57 **Beitrag zur Arbeitsgenauigkeit des Kaltmassivumformens**
Von Dipl.-Ing. Herbert Leykamm. ISBN 3-540-10363-5.
165 Seiten mit 84 Abbildungen und 5 Tabellen.. — 48,— DM

58 **Untersuchungen über das Verjüngen von zylindrischen Vollkörpern**
Von Dipl.-Ing. Helmut Binder. ISBN 3-540-10466-6.
146 Seiten mit 50 Abbildungen und 3 Tabellen. — 43,— DM

59 **Umformverhalten legierter Sintereisen**
Von Dipl.-Ing. Manfred Stilz. ISBN 3-540-11051-8.
170 Seiten mit 75 Abbildungen und 5 Tabellen. — 48,— DM

60 **Interaktives Programmsystem zur Erstellung von Fertigungsunterlagen für die Kaltmassivumformung**
Von Dipl.-Ing. Michael Rebholz. ISBN 3-540-11052-6.
121 Seiten mit 46 Abbildungen. — 43,— DM

61 **Beitrag zum Ziehen von Blechteilen aus Aluminiumlegierungen**
Von Dipl.-Ing. Michael Blaich. ISBN 3-540-11067-4.
141 Seiten mit 64 Abbildungen und 5 Tabellen. — 43,— DM

62 **Auslegung von rotationssymmetrischen Fließpreßwerkzeugen im Bereich elastisch-plastischen Werkstoffverhaltens**
Von Dipl.-Ing. Thomas Neitzert. ISBN 3-540-11623-0.
159 Seiten mit 51 Abbildungen. — 53,— DM

63 **Fließpressen von Sintermetall im Temperaturbereich zwischen 873 K (600°C) und 1173 K (900°C)**
Von Dipl.-Ing. Wolfgang Schaub. ISBN 3-540-11678-8.
160 Seiten mit 85 Abbildungen und 9 Tabellen. — 53,— DM

64 **Rechnerunterstützte Konstruktion von Umformwerkzeugen und die Fertigungsplanung von Werkzeugelementen**
Von Dipl.-Ing. Dieter Steuss. ISBN 3-540-11856-X.
178 Seiten mit 87 Abbildungen und 6 Tabellen. — 53,— DM

65 **Möglichkeiten und Grenzen des Kaltgesenkschmiedens als eine fertigungstechnische Alternative für kleine, genaue Formteile**
Von Dipl.-Ing. Khang Hoang-Vu. ISBN 3-540-11876-4.
156 Seiten mit 62 Abbildungen und 5 Tabellen. — 53,— DM

66 **Einsatz numerischer Näherungsverfahren bei der Berechnung von Verfahren der Kaltmassivumformung.**
Von Dipl.-Ing. Karl Roll. ISBN 3-540-11910-8.
166 Seiten mit 49 Abbildungen und 2 Tabellen. — 53,— DM

67 **Untersuchung über das Verjüngen von dickwandigen, zylindrischen Hohlkörpern**
Von Dipl.-Ing. Knut Haarscheidt. ISBN 3-540-12229-X.
124 Seiten mit 58 Abbildungen und 6 Tabellen. — Vergriffen

68 **Rechnerunterstützte Optimierung des Tiefziehens unregelmäßiger Blechteile**
Von Dipl.-Ing. Hans Glöckl. ISBN 3-540-12522-1.
143 Seiten mit 60 Abbildungen. — Vergriffen

69 **Hydrostatisches Fließpressen: Verfahrensparameter und Werkstückeigenschaften**
Von Dipl.-Ing. Jobst H. Kerspe. ISBN 3-540-12537-X.
123 Seiten mit 69 Abbildungen und 5 Tabellen. — 58,— DM

70 **Untersuchungen zum Halbwarmfließpressen von Automatenstählen**
Von Dipl.-Ing. Eberhard Nehl. ISBN 3-540-12568-X.
145 Seiten mit 104 Abbildungen. — 58,— DM

71 **Entwicklung und Anwendung neuer Schmierstoffprüfverfahren für die Kaltmassivumformung**
Von Dipl.-Ing. Thomas Gräbener. ISBN 3-540-12836-0.
140 Seiten mit 65 Abbildungen. — 58,— DM

72 **Einfluß der Blechoberfläche beim Ziehen von Blechteilen aus Aluminiumlegierungen**
Von Dipl.-Ing. Erhard Mössle. ISBN 3-540-12837-9.
142 Seiten mit 62 Abbildungen und 6 Tabellen. — 58,— DM

73 **Werkzeugverschleiß in der Massivumformung**
Von Dipl.-Ing. Matthias Weiergräber. ISBN 3-540-13033-0.
72 Seiten mit 36 Abbildungen und 2 Tabellen. — 58,— DM

74 **Grundlagen der Umformtechnik I · Fundamentals of Metal Forming Technique I**
298 Seiten. ISBN 3-540-13039-X. — 58,— DM

75 **Grundlagen der Umformtechnik II · Fundamentals of Metal Forming Technique II**
280 Seiten. ISBN 3-540-13040-3. — 58,— DM

Die Bände sind im Erscheinungsjahr und in den folgenden drei Kalenderjahren zu beziehen durch den örtlichen Buchhandel oder durch Lange & Springer, Otto-Suhr-Allee 26-28, 1000 Berlin 10.